教育部中等职业教育“十二五”国家规划立项教材
中等职业教育服装设计与工艺专业系列教材

服装设计基础

主　编　黄仁辉
副主编　黄正果　欧阳梅
贺娟娟　刘　娜

FUZHUANG SHEJI JICHU

重庆大学出版社

图书在版编目(CIP)数据

服装设计基础 / 王欣编著. —重庆：重庆大学出版社，2016.7（2023.8重印）
中等职业教育服装设计与工艺专业系列教材
ISBN 978-7-5624-9518-5

Ⅰ.①服… Ⅱ.①王… Ⅲ.①服装设计—中等专业学校—教材 Ⅳ.①TS941.2

中国版本图书馆CIP数据核字（2015）第242306号

中等职业教育服装设计与工艺专业系列教材
服装设计基础
主　编　王　欣
副主编　黄正果　欧阳梅　贺娟娟　刘　娜
责任编辑：杨　漫　　版式设计：杨　漫
责任校对：邹　忌　　责任印制：赵　晟

重庆大学出版社出版发行
出版人：陈晓阳
社址：重庆市沙坪坝区大学城西路21号
邮编：401331
电话：(023) 88617190　88617185（中小学）
传真：(023) 88617186　88617166
网址：http://www.cqup.com.cn
邮箱：fxk@cqup.com.cn（营销中心）
全国新华书店经销
重庆巍承印务有限公司印刷

开本：787mm × 1092mm　1/16　印张：6.75　字数：156千
2016年7月第1版　　2023年8月第7次印刷
ISBN 978-7-5624-9518-5　定价：36.00元

服装的相关企业

重庆雅戈尔服装有限公司
重庆校园精灵服饰有限公司
金夫人婚纱摄影集团
段记西服
重庆名瑞服饰集团有限公司
重庆蓝岭服饰有限公司
重庆锡霸服饰有限公司
重庆金考拉服装有限公司
重庆热风服饰有限公司
重庆索派尔服装企业策划有限公司
重庆圣哲希服饰有限公司
广州溢达制衣有限公司
重庆红枫庭名品服饰有限公司

出版说明

2010年《国家中长期教育改革和发展规划纲要（2010—2020）》正式颁布，《纲要》对职业教育提出："把提高质量作为重点，以服务为宗旨，以就业为导向，推进教育教学改革。"为了贯彻落实《纲要》的精神，2012年3月，教育部印发了《关于开展中等职业教育专业技能课教材选题立项工作的通知》（教职成司函〔2012〕35号）。根据通知精神，重庆大学出版社高度重视，认真组织申报工作。同年6月，教育部职业教育与成人教育司发函（教职成司函〔2012〕95号）批准重庆大学出版社立项建设"中等职业教育服装设计与工艺专业系列教材"，立项教材经教育部审定后列为中等职业教育"十二五"国家规划教材。选题获批立项后，作为国家一级出版社和职业教材出版基地的重庆大学出版社积极协调，统筹安排，联系职业院校服装设计类专业教学指导委员会，听取高校相关专家对学科体系建设的意见，了解行业的需求，从而确定系列教材的编写指导思想、整体框架、编写模式，组建编写队伍，确定主编人选，讨论编写大纲，确定编写进度，特别是邀请企业人员参与本套教材的策划、写作、审稿工作。同时，对书稿的编写质量进行把控，在编辑、排版、校对、印刷上认真对待，投入大量精力，扎实有序地推进各项工作。

职业教育，已成为我国教育中一个重要的组成部分。为了深入贯彻党的十八大和十八届三中、四中全会精神，贯彻落实全国职业教育工作会议精神和《国务院关于加快发展现代职业教育的决定》，促进职业教育专业教学科学化、标准化、规范化，建立健全职业教育质量保障体系，教育部组织制定了《中等职业学校专业教学标准（试行）》，这对于探索职业教育的规律和特点，创新职业教育教学模式，规范课程、教材体系，推进课程改革和教材建设，具有重要的指导作用和深远的意义。本套教材就是在《纲要》指导下，以《中等职业教育服装设计与工艺专业课程标准》为依据，遵循"拓宽基础、突出实用、注重发展"的编写原则进行编写，使教材具有如下特点：

（1）理论与实践相结合。本套书总体上按"基础篇""训练篇""实践篇""鉴赏篇"进行编写，每个篇目由几个学习任务组成，通过综述、培养目标、学习重点、学习评价、扩展练习、知识链接、友情提示等模块，明确学习目的，丰富教学的传达途径，突出了理论知识够用为度，注重学生技能培养的中职教学理念。

（2）充分体现以学生为本。针对目前中职学生学习的实际情况，注意语言表达的通俗性，版面设计的可读性，以学习任务方式组织教材内容，突出学生对知识和技能学习的主体性。

(3) 与行业需求相一致。教学内容的安排、教学案例的选取与行业应用相吻合，使所学知识和技能与行业需要紧密结合。

(4) 强调教学的互动性。通过“友情提示”“试一试”“想一想”“拓展练习”等栏目，把教与学有机结合起来，增加学生的学习兴趣，培养学生的自学能力和创新意识。

(5) 重视教材内容的“精、用、新”。在教材内容的选择上，做到“精选、实用、新颖”，特别注意反映新知识、新技术、新水平、新趋势，以此拓展学生的知识视野，提高学生服装设计艺术能力，培养前瞻意识。

(6) 装帧设计和版式排列上新颖、活泼，色彩搭配上清新、明丽，符合中职学生的审美趣味。

本套教材实用性和操作性较强，能满足中等职业学校服装设计与工艺专业人才培养目标的要求。我们相信此套立项教材的出版会对中职服装设计与工艺专业的教学和改革产生积极的影响，也诚恳地希望行业专家、各校师生和广大读者多提改进意见，以便我们在今后不断修订完善。

重庆大学出版社

2016年3月

前　言

艺术是多元化的，美的表现也是无定式的。随着课程改革的不断深化，服装行业对本专业学生的能力要求也在不断地提高。本书严格按照课程标准的要求编写制定，共分为两个部分，第一部分是基础篇，主要介绍了服装设计入门、服装款式设计、服装色彩和服饰图案等内容及设计要点；第二部分是实践篇，结合服装企业的设计要求，分别就专业服装设计、系列服装设计、创意服装设计和服装配件设计与面料再造等服装设计的各个不同方面进行了系统的论述，不仅向读者提供了从事服装设计需要的各种基础知识，更是将一种富有创造意识的教学理念贯穿全书。本书在进行理论分析的同时，兼顾实际应用，注重具体的操作性。本书是中等职业学校服装设计与工艺专业服装设计基础课程教材，也可以供广大服装设计工作者及业余爱好者参考使用。

为了让教材贴近岗位实践，在每一个学习任务中，本书安排了“想一想”“练一练”和“小知识”等拓展练习，让学生明白这一节课的学习要求。图片实例教学均采用最新的国际时装发布会图片，帮助学生收集流行信息。使用此书时，请老师们积极致力于课堂引导，分项目让学生实践操作小组合作，使学生在实践过程中体验服装设计学习的乐趣。

本书在编写过程中，参阅了国内外同行的有关材料和资料，并与黄正国老师、欧阳梅老师、贺娟娟老师、刘娜老师共同完成了繁重的编写工作，同时感谢重庆索派尔服装企业策划有限公司、重庆圣哲希服饰有限公司和广州溢达制衣有限公司给予本书编写的大力支持与帮助，在此，对大家的支持表示万分感谢！

由于时间仓促，水平有限，不足之处难免留存，恳请同行、专家和读者批评指正。

编者

2016年1月

目　录

基础篇

实践篇

参考文献

基 础 篇

JICHUPIAN

[综　　述]

了解和把握服装设计的基础知识，掌握服装款式设计、服装色彩和服饰图案在服装设计中的设计原则与方法。

[培养目标]

培养正确的服装设计理念，掌握服装设计的原则和灵活运用的方法。

[学习手段]

①通过款式图、国际时装发布会图片实例进行分析理解。

②可采用项目教学法，实践操作小组合作。

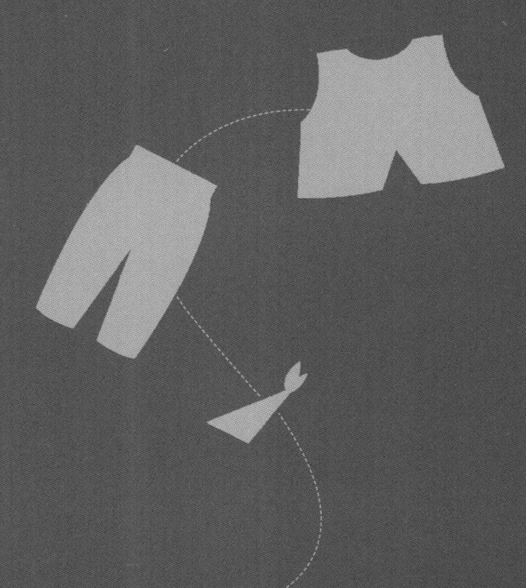

学习任务一
服装设计入门

[学习目标] ①对服装设计的基础知识有一定的了解和把握，为学习服装设计打下基础。
②认知服装设计学科，提高审美能力，增强服装设计意识。

[学习重点] 了解服装的分类及不同类型服装的功能，掌握各种常用绘图工具的使用方法和绘图效果。

[学习课时] 4课时

一、服装的概念

通常，服装是指一切可以用来穿着在人体上的物品，如衣、裤、裙等。服装伴随着人类社会的文明与发展而来，与人类社会有着密切的联系，除了字面意义之外，服装还有丰富的社会与文化内涵。

服装有着物质和精神的双重性。服装是人类物质文明发展的产物，服装的发展受到社会生产力发展水平的影响，要制成服装必须有具体的材料和制作工艺，而材料的更新和工艺提高，才使服装从粗陋走向华美。服装与人如影随行，是由人和服装共同构成的着装状态，必然反映了着装者的政治、宗教、习俗、审美观、社会行为规范及评价标准等，所以服装也包含了社会文明。

二、服装的功能

1.实用功能

防护功能：穿着服装的首要目的是遮蔽人的身体，阻隔外界对身体的伤害，使身体健康。当然不能过分强调防护功能而忽略舒适和方便的特点，如在炎热的夏季不能为了保护皮肤不被晒伤，而一直穿着厚重的隔离服等。

适应功能：服装自身要能够适应人的形体特征以及活动需要，不妨碍身体健康的同时，还应该适应不同的消费群体的不同需求，如不同年龄、不同文化的人，其审美需求不同；不同职业、不同场合，人们对实用功能的需求也不同。

2.审美功能

服装作为单独的审美对象，其色彩、图案、材质、款式等，都应具有一定的美感，以满足人们的审美需求。服装穿着在人身上以后，服装与人共同形成审美对象，服装可以弥补人的形体上的不足，美化人的形象，不同的着装风格能表现不同人的气质与形象。

3.社会功能

服装的穿着需要适应一定的社会环境和社会风俗习惯等。社会环境不同，显示的时代风貌不同。不同的民族服装或传统服饰，显示不同的民族风俗。在设计服装时，设计师在创新的时候，也应考虑社会的风俗习惯等，以适应社会的思想意识及不同的社交场合的要求。

三、服装的分类

服装应包括两部分的内容：主体部分是衣服（衣裳），即人体着装的主要部分；另一部分是配饰，对服装的功能起补充和烘托作用。

1.衣服

衣服的种类很多，分类的标准也很复杂。

按款式分	西服、茄克、裙、裤、大衣、连衣裙等
按材料分	丝绸服装、棉质服装、皮革服装、裘皮服装等
按色彩和图案分	单色服装、条格服装、图案花型服装等
按季节分	春装、夏装、秋装、冬装
按性别分	男装、女装
按年龄分	婴儿装、童装、青少年服装、中老年服装等
按职业分	学生服、教师服、军服、警服等
按民族分	藏族服装、朝鲜族服装、苗族服装、傣族服装等
按用途分	家居服、休闲服、运动服、工作服、礼服、舞台服等

2.配饰

形成整体搭配时，与衣服起组合作用，对人体起保护或装饰作用的配件，称为配饰。配饰包括帽、首饰、围巾、腰带、袜、鞋、包等（图1-1、图1-2）。

在现代的着装中，配饰还涉及发型、妆面等。

图1-1

图1-2

四、服装设计师的工作流程和服装设计的任务

服装从原材料变成商品有一个复杂的生产过程。在这个过程中，设计师要对其外观形式、结构特征、工艺流程、包装、销售等各个环节进行设计，也就要求设计师能系统地考虑服装设计中各个环节的要求。对服装外观形式进行设计时，要先调研市场的需求，消费群体的审美意识，把握流行和市场变化的脉搏，还要考虑工厂的设备和技术；对服装的结构进行设计时，要考虑外观需求、材料特性和工艺流程的问题；对服装的包装进行设计的时候要考虑产品自身需

要、运输和销售过程中的问题。随着服装工业的日趋成熟，服装设计也逐渐分为几个相对独立的部分，如服装美术设计、服装工程设计、服装营销设计等。在这些设计中，服装外观设计对服装的结构、生产和销售起决定性作用，因此，以设计服装外观为核心的服装美术设计就成了服装设计中最重要的一环。

服装美术设计要对服装的外观进行设计，即对服装外观形式美的几个要素，款式、色彩、图案、材质及它们之间的组合关系进行设计。并且，服装的外观和实用功能、审美功能、社会功能以及市场有着密切的联系，还需要研究服装外观与人体结构、人体活动规律的关系，研究市场流行对服装外观的影响。只有综合地完成这些要求，才能完成好服装美术设计的任务。

五、学习服装设计的方法

从事服装设计需要学习的东西很多，抓住学习的重点是十分必要的。

1.学习扎实的基本功

①具有扎实的基本绘画技能。为了向别人宣传和展示自己的构思或作品，需要效果图（图1-3）、款式图（图1-4）等；为了指导制作者或生产方将自己的作品生产出来，需要结构图，熟练的绘画技巧能帮助设计者描绘出自己对服装的款式、色彩、图案、材质的设想以及对着装状态

图1-3

的展现；制图能帮助设计者表达出对服装结构和缝制的要求。没有这些能力，设计者无法将自己的思维和创作展现，别人也无法了解其正确的意图，更无法满足对服装的需求。

②掌握相关的基本知识。从事服装美术设计必须具备以下基本知识：知道人的形体结构和特征、人体的活动规律，了解服装材质的性能和外观特点，掌握服装的制作工艺。

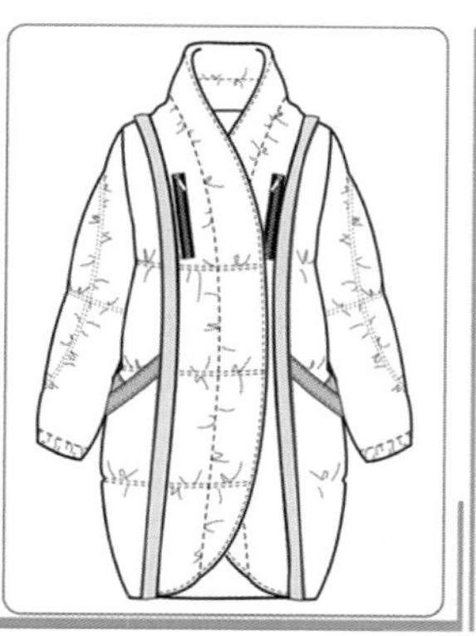
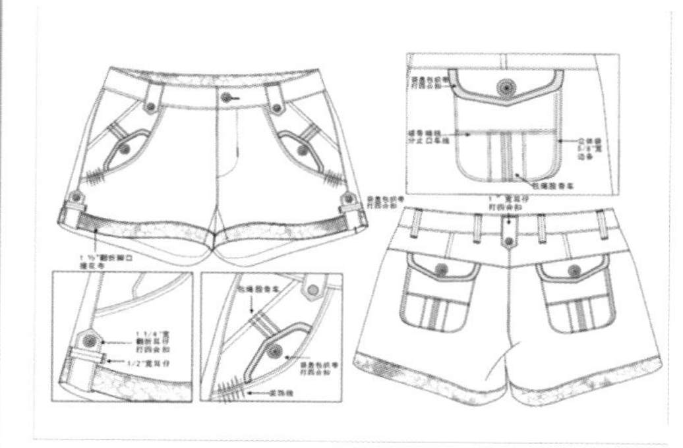

图1-4

③人体结构、不同人群的形体特征和人体活动规律是服装设计的依据。服装的各个构成部件，如开领的深浅、腰围的大小、肩的宽窄都要以人体结构、人的形体特征和人体活动规律为依据去考虑，才能做出美观、合体的服装。同时，服装的分割线形态、装饰线位置以及装饰图案的比例等，都应结合人体比例和人体美的表现去考虑。

④服装材质是实现服装款式的物质基础。设计者要全面准确地了解材质的性能、色彩、图案、肌理等外观效果，并努力按照展现美的规律把它们和款式结合在一起，以适应需求。

⑤服装裁剪和缝制工艺是实现服装设计的手段。设计者可以自己动手制作样衣，以便在样衣的裁剪、缝制过程中发现问题、解决问题，有机会不断完善、整理和完整展现自己的构思和设计。

2.丰富的积累与感知美的能力

以表现技巧作为基础，可以进行创作，但创作要具有美感、创新，创作形神皆备的作品，需要培养美的观察力和辨别不同形式美的审美能力。通过对素描、速写、色彩、图案的学习，培养均衡的美、韵律的美、对比的美、和谐的美等方面的意识。在课堂以外，还应多观察、多积累、多记录美的事物。

资料的积累是必要的。多积累服装资料，把自己喜欢的服装随时进行记录，或绘画，或拍照，或剪贴，记录后更重要的是进行资料的整理，服装的款式、色彩、图案、材质、整体着装，以及与之搭配的鞋、帽、包、首饰等配饰，穿衣人的特征及衣着环境，同时还有自己的感受和意见。持久、反复地记录，为从事服装设计奠定基础。

丰富的积累除收集资料外，还包括修养和知识的积累，如艺术修养、文学修养、心理学修养等多方面。绘画艺术直接有助于服装设计，音乐艺术可以间接地培养对美的感知能力，心理学可以帮助分析消费群体的审美心理、审美要求及其变化，使设计师能即时把握流行趋势。总之，拥有综合而广泛的知识作基础，能使设计者在进行服装设计时，将更多的内涵和生命力赋予作品。

3.较强的适应能力

服装美术设计者，要能够了解和适应不断变化的流行潮，才能有符合流行潮的服装设计面市，才能受欢迎和畅销。而流行是有时间性、空间性、周期性的，不同的时期、不同的地区、不同的人群、不同的环境，对服装的需求有相当大的差异，这就要求设计者常变常新，应该深入生活，从生活中汲取养分，巧妙地运用生活中的素材，为设计者带来出人意料的收获。

六、常用绘画工具

• 铅笔：用来起稿，服装美术设计中常用的是2B、HB。"H"表示硬，"B"表示软，前面的数字表示软硬程度，数字越大，就越硬或越软。

• 绘图笔：用来给效果图或款式图描线条，也可用来绘制时装速写，常用的是0.2～0.5 mm的型号。初学者可以用中性笔或钢笔替代。

• 彩色铅笔：用来绘制效果图，也可以使用水溶性彩色铅笔来表现水彩颜料的效果。常使用12色或24色。

• 水粉颜料和水彩颜料：绘制效果图的时候使用。水粉颜料覆盖能力较强，可以表现厚重感的面料，水彩颜料较透明，适合表现透明面料。

• 绘画用纸：速写纸、素描纸、水粉纸是常用的绘制款式图、效果图、时装速写的纸张。有色卡纸在表现一些特殊的面料效果或画面效果的时候使用。拷贝纸，在完成初稿后到正式图纸上时使用。

• 橡皮：质地柔软的橡皮较好。使用时要随时保持橡皮的干净，用脏橡皮把画面擦脏后，就不易处理了。

• 画板：垫纸的木板，板面平滑，大小可以根据画纸的大小来定，常用的是"8开"和"4开"的规格。如果有工作台也可以不使用画板。

其他的用于服装设计的工具还有很多，如马克笔、色粉笔、定型剂、炭笔、勾线笔、丙烯颜料；直尺、曲线尺等也可作为绘图的辅助工具（图1-5）。

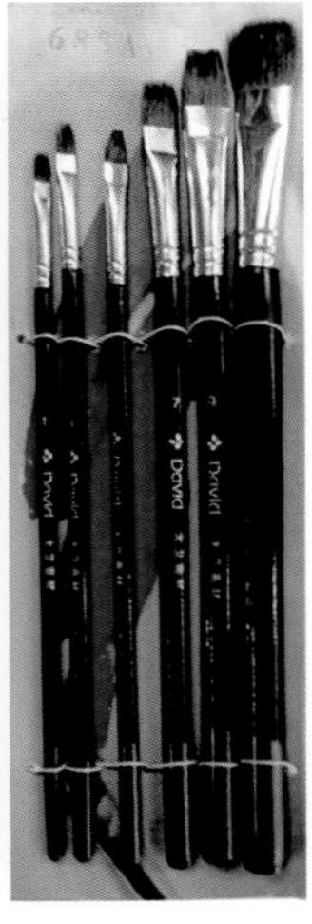

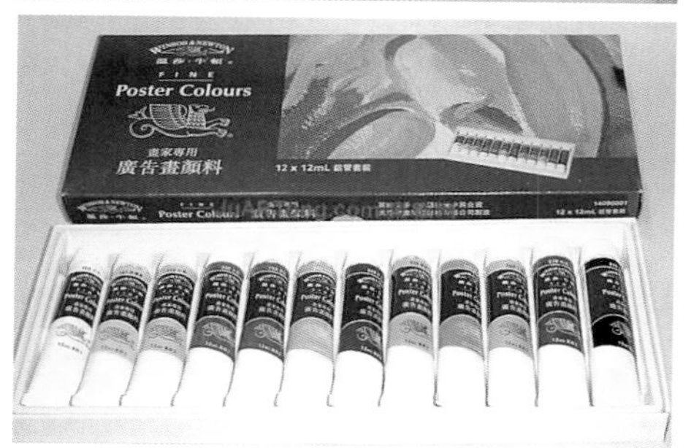

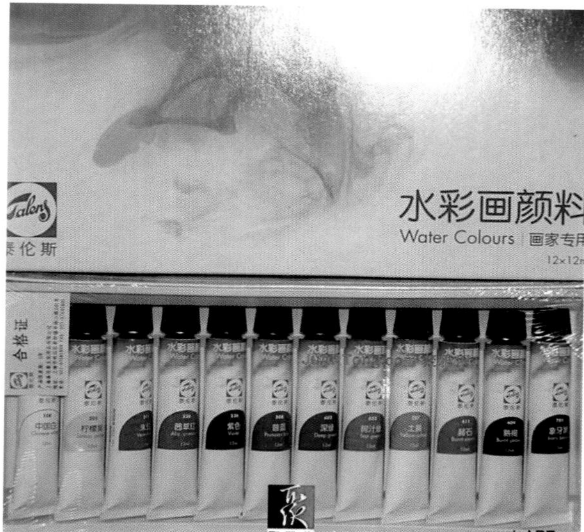

图1-5

①每天从服装杂志、电视、互联网络等媒体上收集各种类型的服装及配饰，将其记录整理下来。

②多看相关书籍拓宽相关的知识面，提高审美能力。

③充分了解不同绘图工具的使用方法和绘图效果。

学习评价

学习要点	我的评分	小组评分	教师评分
我会举例说出服装的功能（30分）			
我能对各种服装进行分类（40）			
我会根据需要完成的绘图效果选择合适的工具（30分）			
总　分			

学习任务二
服装款式设计

[学习目标] ①理解服装各部件的设计要点，款式设计的原则与方法，使设计出来的服装外形和内部结构协调统一，注重服装中的细节设计。
②掌握服装款式设计原则和服装各部件的设计方法，能运用不同的设计方法来设计服装。

[学习重点] 了解服装外轮廓的造型特征，掌握服装内部线条设计和服装各部件的设计要点和方法，理解服装设计的原则和技巧。

[学习课时] 20课时

一、服装外廓形的种类与特点

服装的廓形是视觉感受到的服装与外部空间的边缘线，即服装的外部造型剪影，如图2-1就是各个时期的廓形。人体是服装的主体，服装造型变化是以人体为基准的，服装廓形的变化离不开人体支撑服装的几个关键部位，如肩、腰、臀以及服装的摆部。服装廓形的变化也主要是对这几个部位的强调或掩盖，因其强调或掩盖的程度不同，便形成了各种不同的廓形。

以英文字母形态表现服装造型特征，具有简单明了、易识、易记等特点。

1.A形外廓形

外轮廓成A形的服装上窄下宽，典型款式有披风、斜裙等，这种廓形的服装给人活泼阳光的感觉。A形的上衣和大衣以不收腰、宽下摆，或收腰、宽下摆为基本特征；上衣一般肩部较窄或裸肩，衣摆宽松肥大；裙子和裤子均以紧腰阔摆为特征。图2-2是A形连衣裙，图2-3是A形披肩，图2-4是A形短裙，图2-5是A形裙裤，给人休闲自然的感觉。

图2-1

图2-2 图2-3 图2-4 图2-5

2.H形外廓形

外轮廓成H形的服装属于宽松型服装，肩、腰、臀、下摆的宽度基本相同，如直裙、大衣等，这种廓形的服装给人庄重、朴实的美感。H形的上衣和大衣以不收腰、窄下摆为基本特征，衣身呈直筒状；裙子和裤子也以上下等宽的直筒状为特征。图2-6是H形上衣，没有收腰、宽肩无下摆的款式；图2-7是H形套装，图2-8是H形短裙典型款式是直裙，图2-9是H形裤。

3.S形外廓形

外轮廓成S形的服装外形轮廓变化较大，如旗袍、小喇叭裤等，女人味十足。S形的服装以胸、臀围度适中而腰围收紧为基本特征，通过结构设计、面料特性等手段到达体现女性“S”形曲线美的目的，体现出女性特有的浪漫、柔和、典雅的魅力（图2-10至2-12）。

4.T形外廓形

外轮廓成T形的服装上宽下窄，如夹克、靴裤等，这种廓形的服装给人洒脱、刚强的中性美。T形上衣、大衣、连衣裙等以夸张肩部、收缩下摆为主要特征。图2-13是T形轮廓的连衣裙，特点是肩宽衣身合体；图2-14是T形上衣，图2-15是T形裤，在臀部的放松量很多，收裤脚时尚、个性。

在掌握了基本服装廓形之后，在基础廓形上进行组合变化设计出新的服装轮廓（图2-16）。

图2-6

图2-7

图2-8

图2-9 图2-10 图2-11 图2-12

图2-13 图2-14 图2-15

图2-16

二、服装内部线条设计

服装的廓形是服装的整体造型，而服装内部造型设计则是服装局部细节的造型。在服装设计中，由于人体体形的限制，廓形的变化比较受局限，因而服装内部结构设计就显得特别重要，创意新颖的细节造就了精美的服装。线是服装设计的基本元素，是服装款式构成的重要组成部分，不同形态和不同功能的线对服装外观美有很大影响。服装设计中常运用线条连接来融合整体与局部的关系。

①根据基本廓形，组合10款新的服装廓形。
②每种廓形收集5款服装图片。

1.服装内部结构线

结构线是指用于处理服装与人体关系的线条，使服装与人体外形轮廓达到合体、协调。结构线是依据人体外形设计，让服装合身，方便活动的基础上还要达到装饰服装、美化人体的效果，它是任何装饰线所不能代替的。服装结构线包括省道线、分割线、褶等。

(1) 省道线

• 省道线设计是指为了让服装贴合人体而采用的一种塑形方法。将平面的布披在立体且凹凸不平的人体上是不能完全贴合的，为了使布能完全贴合在人体上，就要把多余的布料剪掉或缝合起来，让布料贴合在人身上。被剪掉和缝合起来的部分就是省道，构成省道的线就是结构线。省道线在服装上主要是起功能性的作用。省道在上装中按正背面分为胸省和背省（图2-17至图2-20）。

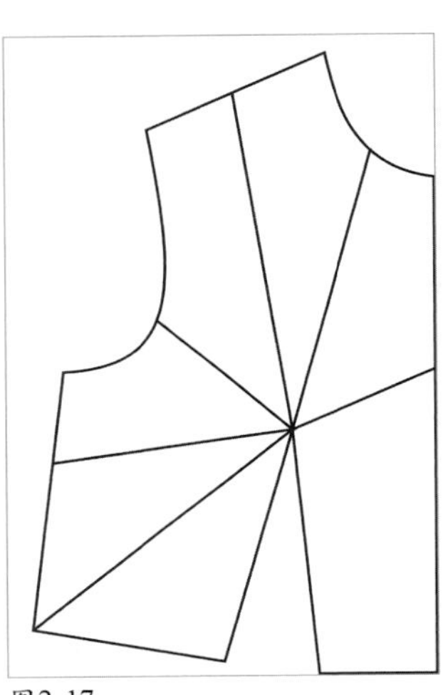
图2-17

(2) 分割线

• 分割线是根据服装的款式要求和其功能性将服装分割成几部分，然后缝合成一件合体

知识链接

身材比例的计算步骤：

①判断脸形、头长：把头发全部往后梳起，抓起马尾，让脸部的轮廓线露出来，判定自己的脸形，再拿尺子由头顶到下巴（以光头的比例为准）测量脸的长度。

②测量身高：量身高要把头发压平、身体挺直才够准确。

③计算比例：身高÷头长=头身（这就是所谓的身高比例标准）。例如：身高159 cm，头长20 cm，那么，159（身高）÷20（头长）=7.59（头身），四舍五入后，是标准的8头身。

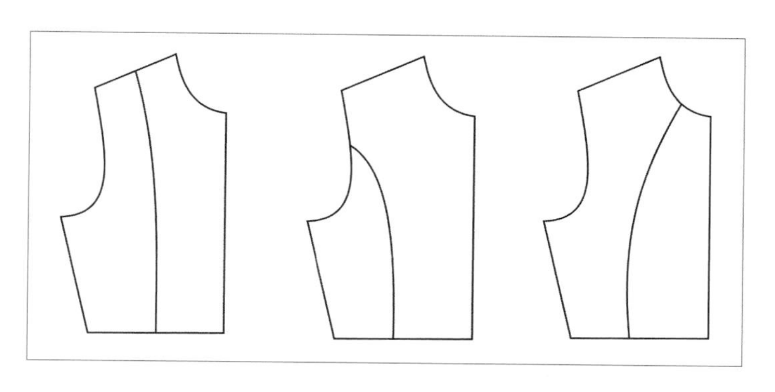

图2-18

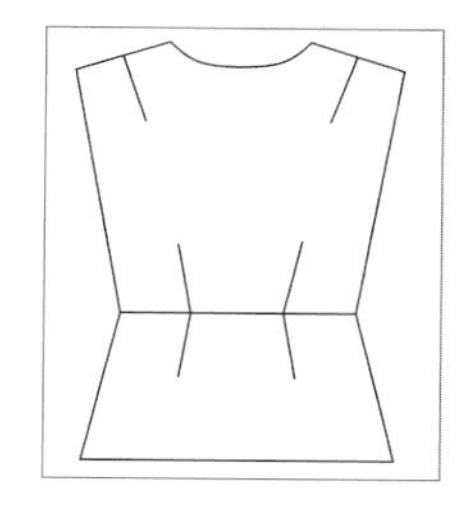

图2-19

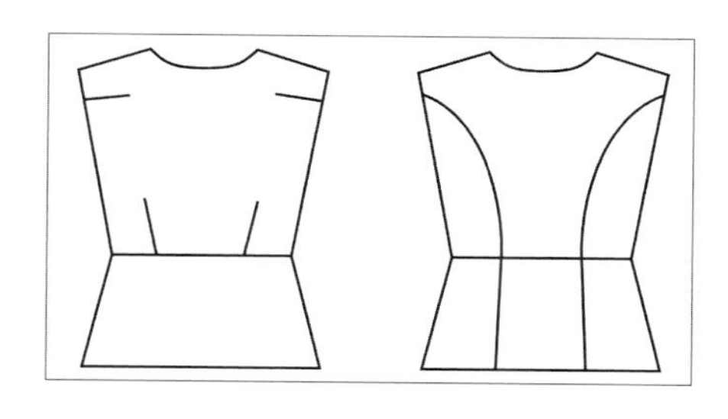

图2-20

美观的服装。分割线在服装设计中运用最多，可以构成服装多种形态，又有装饰和分割款式的作用。根据不同的款式，分割线具有造型的特点和功能的作用，在服装内部线条设计中起主导作用。分割线根据其功能性分为：装饰性分割线和功能性分割线，通常情况下是装饰性和功能性的综合体。

• 装饰性分割线主要是根据款式的要求来设计的，不考虑其造型的作用（图2-21、图2-22）。装饰性分割线是利用增加线条来进行服装款式变化，通过设计可以起到强调某部位的作用，图2-23中通过分割线强调肩部设计。女士服装中装饰性分割线多采用曲线分割，体现女性柔美的外形特征（图2-24）。男性服装中多采用直线分割，展现男人的刚强、豪放的性格（图2-25）。

图2-21

图2-22

图2-23

图2-24

图2-25

• 功能性分割线是指有塑身功能的分割线，将省道巧妙地和分割线融合（图2-26、图2-27）。功能性分割线主要是实用功能，如女装中公主线的运用，其主要功能是突出胸部和收紧腰部（图2-28）。在服装中分割线一般同时兼具装饰性和功能性，将造型中的结构线进行处理让其具有美感。要做到这一点难度相对较大，因为它既需要塑造出优美的形体，又要兼顾设计的美感，还要考虑到工艺方面的可操作和易操作性（图2-29）。

图2-26

图2-27

图2-28

图2-29

（3）褶

褶在服装中的运用是将布进行不同形式的折叠，折叠后形成各式各样的线条形状，有的规则而有韵律，有的随意而自然（图2-30、图2-31）。褶在服装中运用十分广泛，既有装饰作用又具实用性。在服装设计中，做褶可以达到给予放松量的作用，使服装方便运动，同时它也常常作为装饰手法运用在服装中（图2-32）。不同的褶显示出来的效果也不同，根据褶形成的方法不同可以分为人工褶和自然褶。

图2-30

图2-31

图2-32

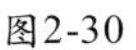

• 人工褶是指设计者有意识地通过各种表现手法给服装设计有规律有方向的褶。人工褶有褶裥、抽褶、堆砌褶等形式。褶裥是经过人工折叠形成的，它所形成的线条整齐有规律，大方优雅，因此受到很多女性的喜爱（图2-33）。抽褶中最具代表性的是节裙，它是由面料收缩而形成的，或将橡皮筋绷紧缝在布上，自然收缩形成的褶，这样的褶看起来自然、随意，人工修饰的成分比较淡（图2-34）。堆砌褶在成衣设计中运用较少，这种褶用于服装中效果很明显，视觉冲击力强（图2-35）。

• 自然褶是根据服装的悬垂性而形成的，没有经过人为的设计和加工。这一类褶最具代表性的是斜裙，腰部是合体的下摆自然垂坠形成褶（图2-36）。

图2-33

图2-34

图2-35

图2-36

2.线条类型

服装内部线条设计对服装的整体设计风格有一定的影响。不同类型的线条给人的视觉感受不同，因此在设计前要了解不同类型的线条特征。线条的形式是多种多样的，大致可以分为垂直线、水平线、斜线、折线、曲线等。

• 直线给人理性、阳刚、简洁、果断的感觉，常用于男装、职业装、中性化的服装设计中，图2-37为垂直线在男装中的运用，图2-38为垂直线在中性化服装中的运用。垂直线是服装中比较常用的装饰线，在服装中运用具有强调高度的作用（图2-39）。

• 水平线的方向是横向延长，给人膨胀的感觉（图2-40）。将水平线运用在服装上时，要注意线条的位置和分布的方法。

图2-37

图2-38

图2-39

图2-40

• 水平线和垂直线单独使用会比较呆板，设计的时候常结合起来使用，使服装整体内容丰富（图2-41）。

• 斜线在服装上的运用比较多，根据倾斜的位置会有不同的感觉。接近水平的斜线会让服装有膨胀感，接近垂直的斜线会让服装显得修长。

• 折线是斜线的组合，经过组合后的折线让人感觉活泼、动感、无规则、个性（图2-42）。

• 直线在服装中常以组合的方式出现。图2-43和图2-44运用斜线对服装进行分割让服装看起来线条丰富，风格独具。

• 流畅曲线的线条让现代人觉得唯美，曲线具有柔美的感觉，从古至今曲线多为女性的象征。它和人体表面线条一样，其特点是柔顺圆润，自然活泼。图2-45是用曲线装饰的服装款式，给人流动、时尚的感觉。图2-46中曲线给人柔美、丰满、妩媚的感觉。图2-47中运用曲线设计突出胸部与肩部，时尚另类。

掌握服装线条设计对设计服装款式有很大的作用，服装款式变化可以通过内部线条的设计进行变化。

图2-41

图2-42

图2-43

图2-44

图2-45

图2-46

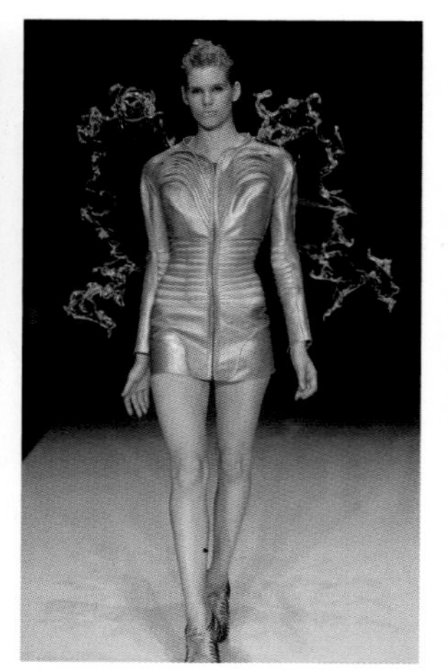
图2-47

在同一款服装上分别用直线、曲线进行设计，分析运用在服装上的视觉感受。

三、服装细节设计

服装细节设计的本质是服装的局部造型设计，是服装内各零部件的结构设计。如领、口袋、纽扣、袢带等零部件和褶裥、分割线等内部结构都是服装细节设计。服装细节设计的方法有变形法、移位法、材料转换法。服装细节设计会影响服装的功能和风格，好的细节设计会让服装增光添彩，反映出设计师的独具创新。

1.变形法

变形法是对服装部分细节设计的形状大小进行变化，如对局部进行拉伸、扭转、破坏等手法处理使原型产生变化。图2-48将肩部进行夸张变形，视觉重点突出。图2-49将衣片进行破坏变形设计出新的款式风格。

2.移位法

移位法是指服装的内部构成不做变化，只是将内部零件做移动位置的处理。图2-50设计新的腰头将传统腰头进行移位，在腰的部位形成两个腰头，独特新颖。移位法是一种简单有效

图2-48

图2-49

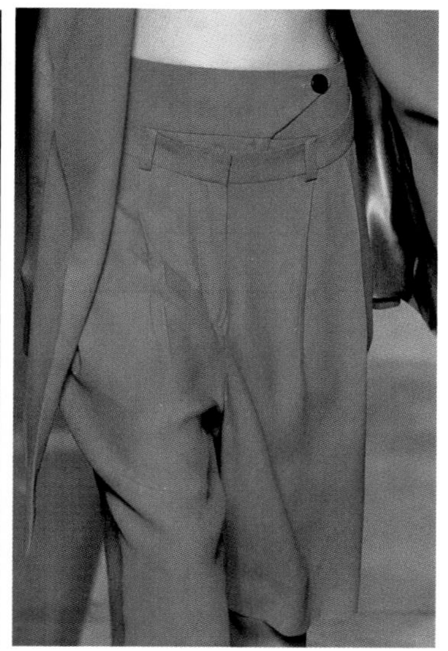

图2-50

的设计方法，关键在于设计者是否能独具慧眼，做出有创意的设计。图2-51将门襟进行变形移位，显得另类时尚。

3.材料转换法

材料转换法是指通过变换原有服装细节的材料而形成新的设计。图2-52中服装材料进行不同的拼接，风格从严谨变得活泼优雅。图2-53设计师将服装材料进行变换，效果明显且美观。

图2-51

图2-52

图2-53

四、服装部件设计要点

1.领的变化与设计要点

衣领在服装款式设计中占非常重要的位置，因为靠近视觉中心脸部，所以一个漂亮的领部设计不但可以美化服装而且可以美化脸部。

(1) 领的分类

根据衣领的结构特征将领分为无领、立领、翻领、翻驳领。无领是由衣片领口的形状来决定的，因此也称为领口领；立领、翻领、翻驳领在工艺上是将领片与衣身缝合，因此也称为装领。根据领的造型特征将领分为一字领、圆领、装饰领、青果领等。

• 无领：是领型中最基础的领型，在衣身上没有装领，以领围线的造型作为领型，保持服装的原始状态，多用于夏季的服装、晚礼服、休闲T恤、毛衫等的领型设计中（图2-54）。无领包括一字领、圆领、V形领（图2-55）、方形领（图2-56）、梯形领。图2-57中领口线的设计创意时尚。

• 立领：是只有领座的领，直立于颈部给人挺拔、庄重的感觉（图2-58）。立领多用于秋冬

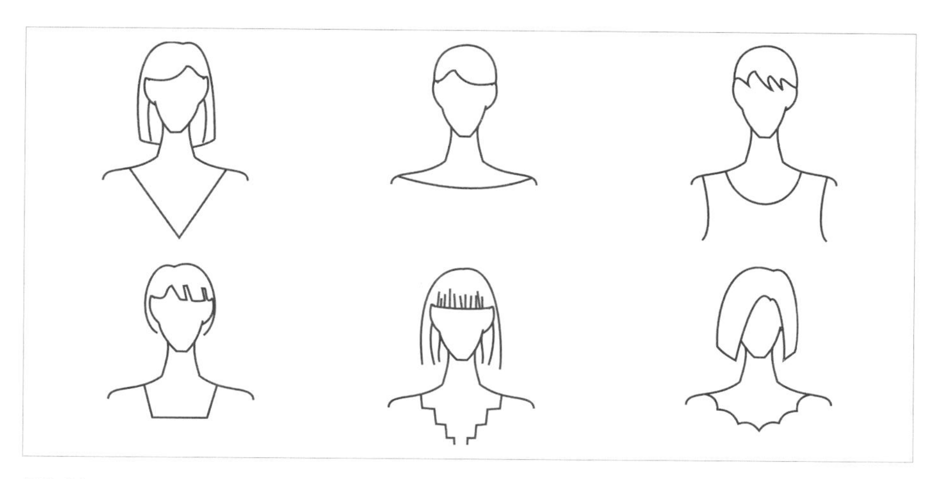

图2-54

图2-55

图2-56

图2-57

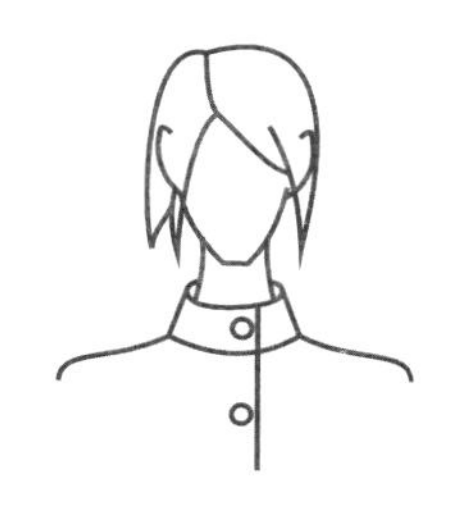

图2-58

图2-59

图2-60

图2-61

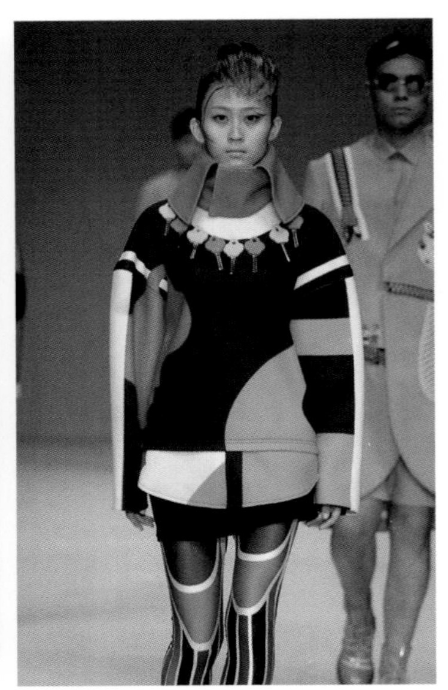
图2-62

装和中式服装设计中。旗袍领是典型的中式立领（图2-59）。针织服装为了保暖常用到立领。图2-60中的立领与脖子之间距离很近，给人感觉含蓄内敛。图2-61中立领与脖子之间的距离很远，给人感觉张扬、夸张、装饰性强。立领塑型性强有很好的立体感，常用于创意服装设计中（图2-62）。

• 翻领：是一种领面向外翻的领型。其前领与肩自然贴合，后领自然向后折叠贴服（图2-63）。翻领的装饰手法有很多，设计时要符合服装款式的风格。在服装中翻领的运用也是相当广泛的，常用于T恤、衬衣、女性服装中，让人感觉简洁清爽（图2-64至图2-67）。将翻领进行设计变化，显得活泼、时尚。

• 翻驳领：衣领和驳头连在一起，其领面外翻，驳头也一起外翻。根据领子和驳头的连接形式分为：平驳领、戗驳领、青果领（图2-68）。翻驳领给人干练、庄重、开朗的感觉，常用于西装、大

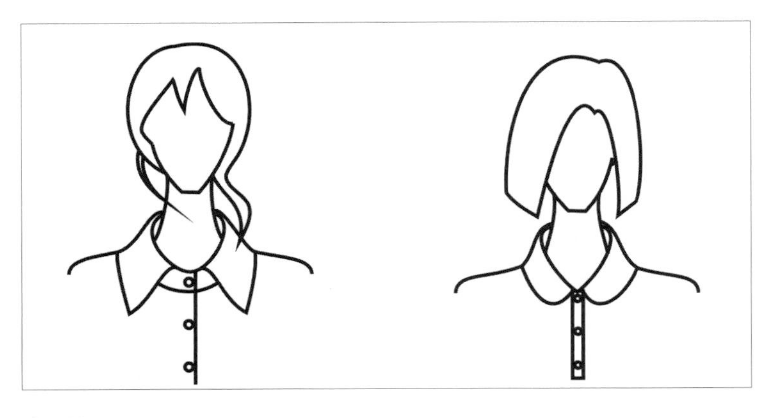
图2-63

图2-64

图2-65

图2-66

图2-67

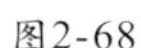
图2-68

图2-69

衣、风衣等外套中。图2-69将男装中的平驳领进行变化让领更新颖突出。图2-70中翻驳领让服装更显现女性自信独立的一面。图2-71是青果领在服装中的运用，显示出女性的明快干练的特点。

• 其他领：除了以上几种基本领型的设计，设计者还常常将几种不同的领型进行组合，加以装饰，设计出更多新颖的领。图2-72用波浪皱褶的形式在领的部分做了个装饰领；图2-73是立领、翻驳领、翻领的组合，设计时尚别致；图2-74两种领口领组合出新的感觉。

(2) 领的设计要点

①根据穿衣人的脸形和颈部特点设计领的式样。人的脸形差别较大，有长脸、短脸、胖脸、瘦脸等，有些脸形漂亮，有些脸形却不那么好看。领的设计应对人的脸形起到烘托或调节作用。同时，领的设计还要与脖子协调。

②领的设计要符合流行趋势。由于领在服装中的重要位置，它在流行中的作用仅次于服装的外形，应考虑人们对时尚流行的追求。

③领的设计要与服装的外形协调。不同外形的服装有不同的美，有的庄重、有的活泼、有

图2-70

图2-71

图2-72

的刚强、有的温柔，而不同式样的领也有不同的美。在设计中，应使领的美与服装外形的美相协调。

④领型的设计要适合颈部的结构及颈部的活动规律，满足服装的适体性。

图2-73

2.袖的变化与设计要点

衣袖设计是服装设计的重要组成部分，手臂活动频率幅度是身体中最大的部分，因此，衣袖设计不但要求有装饰性并且还要注重功能性。

(1) 袖的分类

根据袖的长短，袖可以分为无袖、短袖、五分袖、七分袖、长袖；按装接方法，袖可以分为圆装袖、平装袖、插肩袖、连袖、肩袖；根据形态，袖可以分为喇叭袖、泡泡袖、灯笼袖等（图2-75至图2-77）。

图2-74

• 圆装袖，也称西装袖，是一种比较适体的袖型，多采用两片袖的裁剪方式，袖身多为筒形，袖身的造型与手臂相似且圆顺。圆装袖与手臂之间空隙比较小，静态效果比较好，不宜用于运动幅度大的服装中。

圆装袖的款式设计以传统圆装袖为原型，夸张袖口、袖山部位变化出新的袖型（图2-78至图2-80）。

• 平装袖，即一般男式衬衣袖，多采用一片袖的裁剪方式。它与圆装袖结构和造型方面都有很大的区别，如同样规格的上衣，平装袖比圆装袖宽大；圆装袖袖山弧线比袖窿线长，而平装袖与袖窿弧线相等，有时甚至还短一点。由于平装袖与

图2-75

图2-76

图2-77

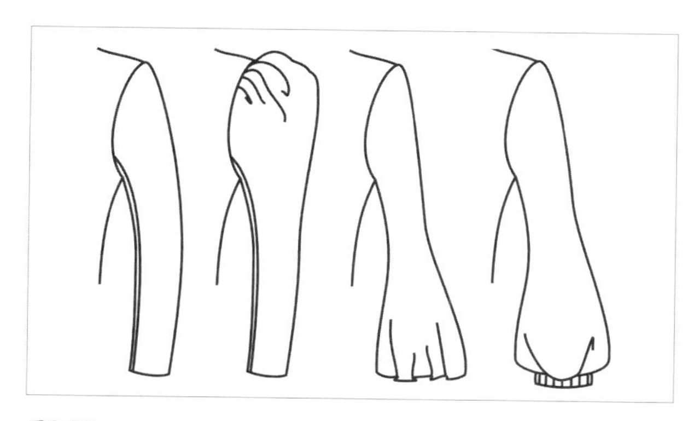

图2-78

图2-79

图2-80

手臂之间的空间较大，穿着宽松，多用于运动、休闲风格的服装。

平装袖的款式设计也着重表现在袖口和袖身的设计上（图2-81至图2-83）。

• 插肩袖，袖子的袖山延长到领围线，肩部甚至全部都被修正所覆盖，适用于宽松的款式，但不适合塌肩者。多用于运动服、休闲外套、大衣等设计。

插肩袖的变化比较灵活，改变袖口和袖身款式，变化插肩的位置和形式，都可以设计出新的袖型（图2-84至图2-86）。

• 连袖，又称中式和服袖，衣身和袖片连为一体裁剪而成。其特点是宽松舒适，随意洒脱，易于活动，工艺简单，多用于老年服装、中式服装、居家服等。

连袖的款式设计主要是在袖身上，用不同的装饰手法在袖身上做变化设计（图2-87至图2-89）。

• 无袖，也称袖口袖，没有具体的袖形，袒露肩膀。这样的袖形多用于夏装。设计方面多在袖窿处进行装饰点缀或改变袖窿弧线的形态（图2-90至图2-92）。

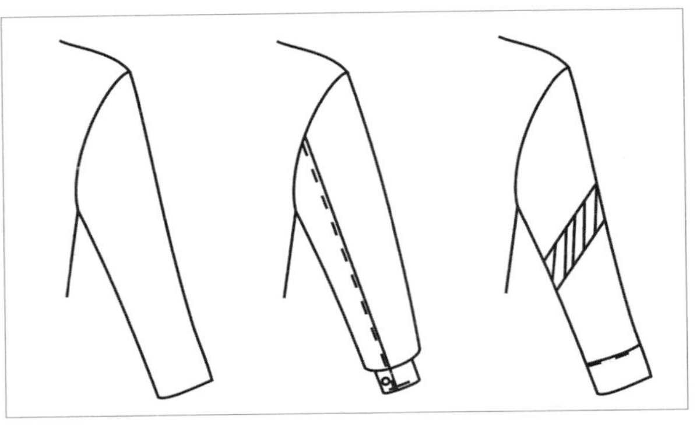
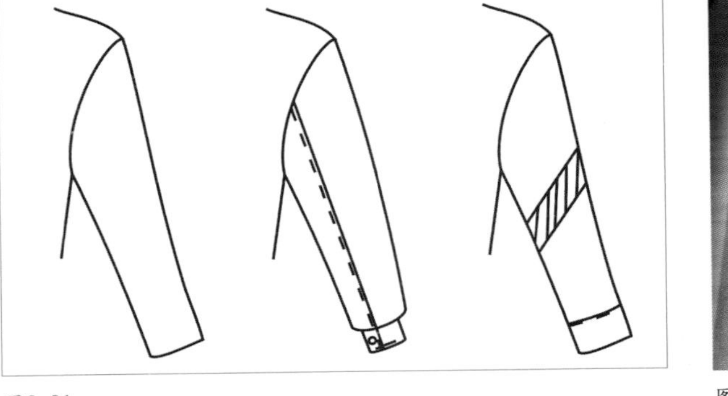

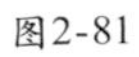

图2-81

图2-82

图2-83

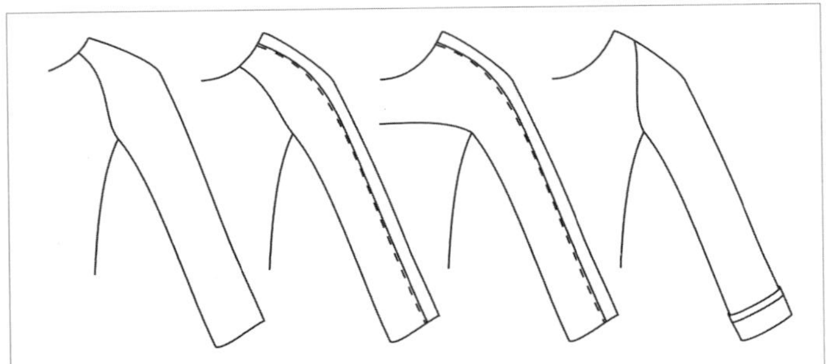

图2-84

图2-85

图2-86

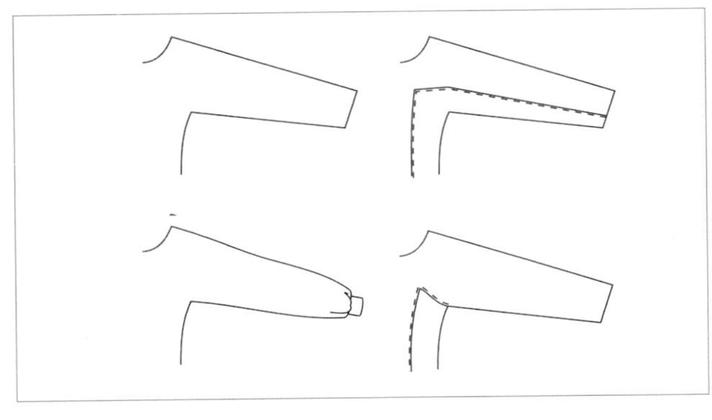

图2-87

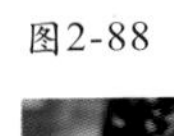

图2-88

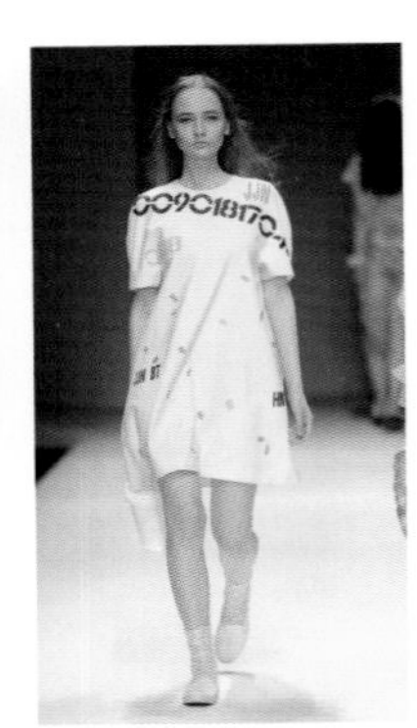

图2-89

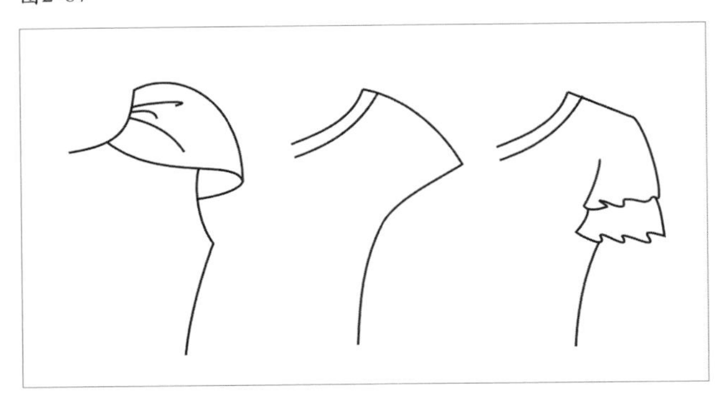

图2-90

图2-91

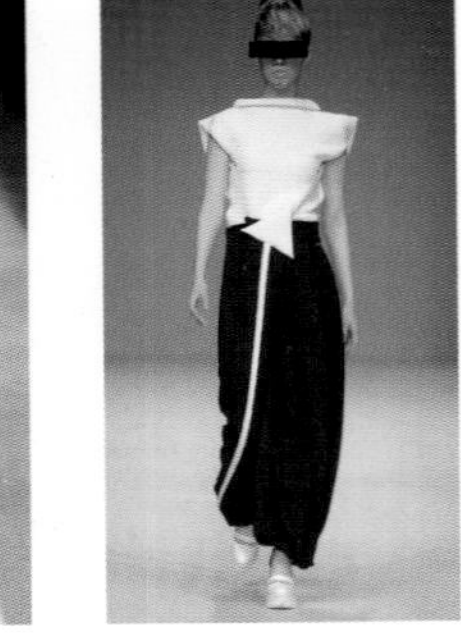

图2-92

（2）袖的设计要点

①根据服装的功能决定袖的造型。袖的造型要适应服装的功能要求，根据服装的功能来决定袖的造型，如西装在穿着时动作幅度比较小，考虑的是穿着的美观程度，可以忽略袖形对于手臂运动的影响；而休闲装的袖就要宽松些，方便手臂运动。

②袖的造型要与服装整体协调。袖子是用来烘托服装的整体效果的，在设计的时候袖的造型和风格都要与服装的整体造型达到高度协调与统一。同一件服装中衣身和袖的装饰手法必须一致。

3.口袋的变化与设计要点

口袋在服装设计中与领子和袖子相比，是比较小的部件，但对服装有装饰的作用，丰富服装的结构，同时加强了服装的功能性。

（1）口袋的分类

根据口袋与衣片的关系，将口袋分为贴袋、挖袋、插袋三种类型（图2-93）。

• 贴袋：也称明袋，是指贴缝在衣片表面的袋形，制作简单款式变化丰富。

贴袋的设计可以从工艺上去进行变化，如拼接、镶边、褶裥、刺绣等。休闲装中的口袋设计常用贴袋（图2-94）。图2-95的贴袋在造型上进行突出夸张。贴袋附着在服装表面会影响服装整体，设计时要注意口袋与服装各部位的协调性。

• 挖袋：又称暗袋，在衣身上剪出袋口，袋口装嵌条或袋盖，口袋隐藏在服装内部。衣片表面的袋口可以将装嵌条露出，也可以用袋盖掩饰（图2-96、图2-97）。

挖袋的设计在于袋口位置的变化和袋盖的造型，袋盖的造型多为规范的几何形。

• 插袋：也称缝内袋，在服装拼接缝间制做出口袋。一般隐蔽性好，与接缝混然一体，常用于实用功能强而不注重装饰功能的服装中（图2-98）。

（2）口袋的设计要点

①方便使用。服装上具有实用功能的口袋一般都是用来放置小件物品或插手的，因此，口袋的朝向，位置和大小都要符合手的操作习惯。

②口袋的设计与服装整体协调。设计口袋的大小和位置时要注意使其与服装各部位的大

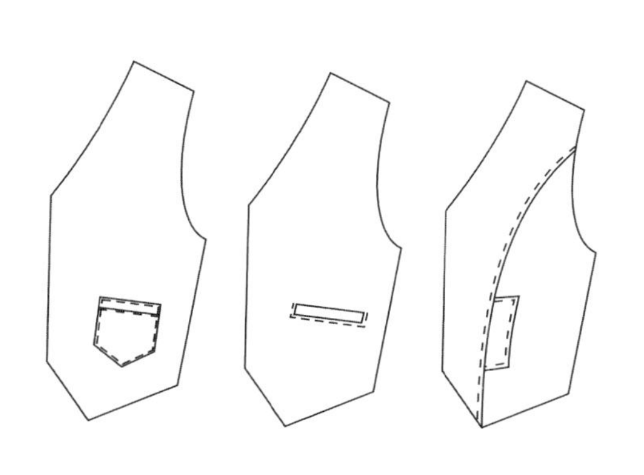

图2-93

图2-94

图2-95

图2-96

图2-97

图2-98

小和位置的关系协调。运用各种装饰手法对口袋进行装饰设计时，要注意所采用的装饰手法与整体风格协调。

4.细节连接件的变化与设计要点

连接设计是指服装上起连接作用的部件的设计，和口袋设计一样具有实用功能和审美功能。从实用功能性讲大多数服装都是需要闭合穿着，因此连接件的设计在服装中尤为重要。连接件设计的审美功能是不可忽视的，精致巧妙的连接件设计可以让服装画龙点睛。

(1) 连接件的分类

连接件设计主要包括纽扣设计、拉链设计、袢带设计。

• 纽扣设计：纽扣在服装设计中有很重要的作用，实用功能较强，在服装中起连接和固定衣片的作用（图2-99）。纽扣在服装上处于非常显眼的位置，它的外形对服装整体效果有很大的影响。图2-100中将纽扣夸张后比普通纽扣大作为服装亮点，装饰性大于实用性对服装整体效果有很大影响。图2-101中纽扣的作用就从实用性变成了装饰性，服装中的纽扣不具有固定衣片的作用，而是作为装饰品运用在服装中。图2-102中纽扣对服装整体风格有决定性作用，位

图2-99

图2-100

图2-101

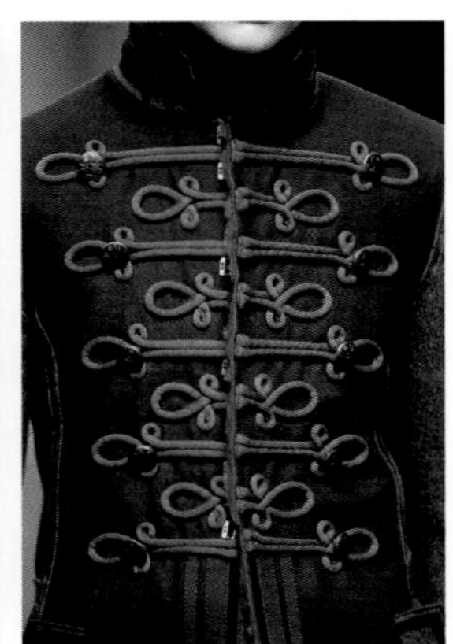
图2-102

图2-103

图2-104

图2-105

图2-106

置、大小都非常的显眼，给人感觉沉稳、内敛。

纽扣设计可以从纽扣形状、大小、材质、位置等方面进行。设计时要注意服装整体协调性，注意要突出纽扣在服装中的装饰作用。

• 拉链设计：拉链是服装设计中常用的带状连接设计，主要用于服装门襟、口袋、裤门襟等地方，用以代替纽扣（图2-103）。拉链多用于运动装、皮衣、羽绒服等设计中（图2-104）。拉链在成衣设计中其功能性比装饰性能占的比重大。但是在创意设计中拉链常常作为装饰或服装内部分割线条，起创意和装饰的作用。图2-105中拉链就作为分割线运用在服装中，不但具有装饰性作用还有实用性。图2-106中拉链只是作为装饰线运用在服装中产生新的设计。

拉链设计可以从拉头和拉链齿进行设计将其夸张、变形运用在服装上。同时设计的时候可以通过改变拉链的方向、移动拉链的位置来改变服装的款式。

• 袢带设计：袢带设计在服装中不仅补充了服装的实用性，而且其装饰作用会让服装增添光彩。图2-107中袢在服装中的运用，这时袢的作用就不只是实用性，更多的是装饰性，袢的大小变化让服装内容更加丰富精彩。图2-108服装中将绳带作为门襟设计，服装借用了运动鞋面绳带设计，给人意外效果，使绳带设计成为服装的重心和亮点。袢带一般用于休闲装、运动装中，袢带主要是起装饰的作用。在创意装中，常用袢带设计为原本平凡的服装增加亮点和吸引力（图2-109、图2-110）。

（2）连接件的设计要点

①连接件设计要符合服装的整体风格。连接件的设计是为了补充服装的实用功能并且对服装进行装饰。因此，在服装设计中如果连接件和整体风格不协调就会有画蛇添足的嫌疑。服装各个部位都是相辅相成的，不搭调的装饰就会显得多余。不但不能修饰和美化服装，反而会将一件好的设计毁掉。

②连接件的设计在服装中位置比例要协调。服装设计中连接件的位置、大小不同将营造出不同的效果。如同样款式风格的纽扣将其放大，在服装中产生的影响就比较大，重要性也随之增加，装饰作用突出，只能用于休闲时尚的服装中，就不能用于普通的衬衣中，但是将其缩小到

图2-107

图2-108

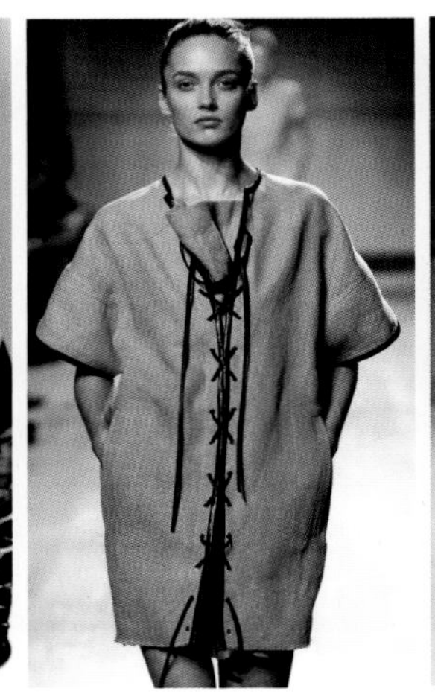
图2-109

图2-110

合适的大小就可以用于衬衣中。因此连接件在服装中的比例、大小要与服装设计的款式协调，这样设计出来的服装就会符合人们的审美情趣。

五、服装款式设计的原则与方法

前面分别介绍了服装各部件的构成形态和设计要点，其实在进行服装款式设计时，考虑的是整体的设计而不是将各部件分开来考虑，设计者会从整体出发然后对各部分进行设计，让服装达到统一。经过前人的总结经验要设计出美的服装也是有一定的规律，服装设计原则在初学设计时必须掌握，以此来保证设计出的服装符合大众的审美。服装设计的原则与方法有对比与协调、比例与分割、对称与均衡、统一与变化、节奏与韵律、强调等方法。

1.对比与协调

对比是一种变化的效果，表现形式比较强烈，在视觉上给人感觉刺激形成较大冲击、鲜明的图案和色彩让服装丰富多姿，如图2-111的色彩对比服装给人明亮、兴奋的视觉感受。但对比变化太过强烈，又会使人感觉杂乱，因此在对比中要求协调。协调是一种柔美、缓和的表现形式，在视觉上让服装各个元素之间都有自己的联系。在服装设计中太统一的服装给人感觉单调乏味，因此需要有对比添加乐趣。对比和协调是相辅相成的，在对比变化中注意协调，在协调中追求对比的变化。

知识链接

衬衣领子和袖口极易沾污，并很难洗净。可在衣领和袖口处均匀地涂上一些牙膏，用软毛刷轻轻刷洗，再用清水漂净，即可除去污迹；也可在衣领上先撒一些盐末，轻轻揉搓，然后再用肥皂清洗。因为多数人的衣领是被汗液浸污的，汗液里含有蛋白质，在食盐溶液里很快溶解。如果还洗不干净的话，也可用1份氨水加4份的淡氨水溶液来洗涤。

①收集不同的领型20款。
②收集各种袖的款式10款。
③收集各种袋的造型20款。
④收集不同细节连接件设计各5款。

对比就是反差、对立、撞击，如厚与薄、正与反、硬与软、凹与凸、透与不透等。服装设计中，常用到色彩对比、材质对比、面料对比等方法。图2-112中，服装衣身和裙子形成繁简对比；图2-113中，服装将缝份变形夸张作为装饰，面料形成正反对比；图2-114中，服装形成软硬对比；图2-115中，服装面料形成透与不透的对比。

图2-111

图2-112

图2-113

图2-114

图2-115

2.比例与分割

比例是指整体与部分、部分与部分的数量关系，这种比例关系就是对比产生的美。在服装中比例是常用的设计方法，在服装设计中随处可见。如在服装搭配中，上衣与下装色彩面积比例（图2-116）。单件服装中，图案大小比例、色彩面积大小比例、服装分割线位置、装饰与整体之间的比例等。分割是将服装整体分成不同面积的局部，局部与局部形成新的整体。局部与局部之间和局部与整体之间的比例关系对服装美有重要作用。图2-117中，服装色彩面积大小进行对比；图2-118中，通过内部分割线根据比例将服装分割成大小不同的面积；图2-119中，图案大小比例设计。

3.对称与均衡

对称是指对比的几个元素在面积、大小、形状各个方面都相同，这样的形式给人严谨、庄重、安定、稳重、理性的感觉（图2-120），但过分对称给人感觉呆板、无趣、缺乏热情。均衡就是平衡形式上不对称，视觉上给人平衡的感觉，如服装左右形状、大小、面积都不相等，通过呼应、对比视觉重心平衡，使原本不对称的设计形式上均衡（图2-121）。均衡打破了对称的呆板无趣，造型多种多样新颖活泼且协调统一。图2-122中，服装图案左右并不对称但重心平衡；图2-123中，服装肩与裙摆色彩上进行呼应视觉上形成均衡。

图2-116

图2-117

图2-118

图2-119

图2-120

图2-121

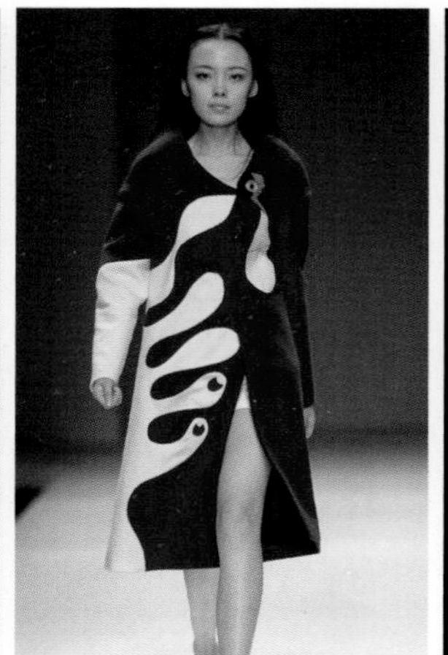
图2-122

图2-123

4.统一与变化

变化统一是服装形式美法则最基本也是最重要的原则。统一是指在设计的时候服装整体风格、色彩、图案等方面统一。统一的服装给人感觉高雅、端庄、含蓄，但过于统一，同样会让人觉得单调、生硬、沉闷。变化是指服装各个设计元素之间形成明显的对比和差异。变化给人活泼、丰富、抢眼、另类的视觉感受，变化的同时需要注意各个元素之间的联系，一味强调变化而忽略了各个元素之间的关联就会造成服装无重点、杂乱、花哨。在变化的同时需要有主次之分，局部和整体要协调统一。变化和统一是相互对立又相互依存的，两者缺一不可，服装款式设计需要在造型、图案、色彩上进行变化，但是又要防止变化中忽略了整体的统一性；在寻求统一的同时要避免缺乏变化造成款式呆板无趣。

收集具有服装款式设计6种原则的服装各5款。

5.节奏与韵律

节奏是指各种元素变化重复形成的韵律。节奏是有规律且不断重复的变化，让人感觉动感、顺畅、连续（图2-124）。韵律是指反复出现的元素在色彩、大小等变化规律中使人心理起伏变化感受到的美。图2-125中，将花边设计成回旋状装饰服装，规律由大变小形成美的节奏。图2-126中，反复折叠形成扇形，有规律地流动旋转。图2-127中，裙摆成梯形旋转上升趋势，给人韵律感。

图2-124

图2-125

图2-126

6.强调

强调是指服装的视觉重心。在服装中视觉重心体积不一定大，但是要够精致能吸引人的注意，是服装画龙点睛之笔（图2-128）。可以通过强调造型、色彩、细节等来体现服装的风格。图2-129中，袖的设计是一个视觉重心，通过外部造型的创新使之成为服装整体的设计点；图2-130中，裙摆部分不论从色彩上和造型上都非常醒目，成为视觉的重心点。

图2-127

图2-128

图2-129

图2-130

学习评价

学习要点	我的评分	小组评分	教师评分
我能准确地分辨出服装外廓的种类和简述其特点（30分）			
我能根据设计要点设计出各个服装部件（40）			
我能简述服装款式设计的原则与方法并会简单应用（30分）			
总　分			

学习任务三
服装色彩

[学习目标] ①对服装色彩相关知识有初步的认识，掌握色彩心理并灵活运用在服装设计中。
②掌握服装色彩搭配的技巧和方法，学会运用流行色。

[学习重点] 了解色彩的基本知识，掌握色彩的情感特征，掌握色彩搭配的基本原理和色彩搭配对服装的整体效果的影响。

[学习课时] 24课时

一、服饰色彩的情感与象征

服装给人第一视觉冲击的是色彩，其次才是服装款式面料等因素。在服装款式设计中，最能够创造艺术氛围、表现人们内心情感的就是服装色彩。因此，色彩是构成服装的重要因素之一。色彩在服饰中是最明亮的视觉语言，通过不同形式的组合影响着人们的情感，并且充分体现着装者个性风格。

色彩能通过视觉反应到大脑，影响人的情绪，每种色彩给人的情感特征都不同，要使服装配色达到好的效果，就需要掌握各种色彩运用在服装中的基本情感特征。

红色是火、太阳的颜色，象征着热情、活泼、温暖、野蛮、爱情、喜悦等，对视觉有很强的冲击力，让人热血沸腾、斗志昂扬。红色比较耀眼夺目，常运用在礼服中，同时能体现出高贵优雅的气质（图3-1）。在东方，红色运用在服装上代表喜庆、祥和，给人热闹的视觉感受，常作为婚庆服装（图3-2）。红色多用于女性服装中，体现女人妩媚、妖娆的气息，显得时尚而性感（图3-3）。红色又是血的颜色，在西方象征着危险、警告，让人紧张不安。

橙色象征着温暖、幸福、亲切、华丽、积极、友爱等，对视觉的冲击力仅次于红色。橙色比红色更明亮，是色相中最温暖的颜色。橙色是代表秋季成熟的颜色，有富丽繁华的感觉。根据橙色的特点设计出时尚又不失亲切的服装（图3-4）。橙色象征着温暖幸福，用于秋冬的服装可以增加温暖感（图3-5、图3-6）。

图3-1

图3-2

图3-3

黄色象征着辉煌、光明、富贵、权威、高雅、乐观、希望、智慧等。黄色是所有色彩中亮度最高的颜色。在中国古代，黄色是王室贵族的专用色彩，给人富贵、权力的感受。根据黄色的色彩情感，运用在服装中设计出华丽时尚的服装（图3-7）。黄色运用在礼服中使服装优雅时尚（图3-8）。黄色在色彩中明度较高，运用其特点可以设计出时尚前卫的服装（图3-9）。黄色的独立性较弱，略加入其他色素，黄色就会改变原有的感觉。

绿色象征着生机、希望、安全、清新、自然、安宁、和平、幸福、理智等。绿色是大自然植物的颜色，常被予以希望、生命之色。浅绿或淡绿色运用在服装上给人青春、活力的视觉感受（图3-10）。纯度较低的绿色服装给人沉稳的视觉感受（图3-11）。根据绿色的情感特征，可以设计出时尚前卫、清新的服装（图3-12）。

蓝色象征着稳重、成熟、理智、冷静、柔和、自信、永恒、沉默等。蓝色是海洋、天空的颜色，给人以纯净、深远、无边无际的感觉。蓝色是色相中最冷的颜色，冷静、忧郁没有活力。根据蓝色的性格色彩可以设计带有神秘色彩未来风格的服装（图3-13），浅蓝运用在服装上给人明净、柔和的视觉感受，常用于夏季服装中，给人清凉飘逸的感觉（图3-14）。蓝色也是冬季的常用色，用于大衣设计和针织设计中（图3-15）。深蓝色的服装给人神秘、高雅、稳重的视觉感受，是礼服中常用的颜色。

紫色象征着神秘、优雅、忧郁、高贵、华丽、孤独、自傲等。紫色是色彩中明度较低的颜色。紫色是不易获得也是不稳定的颜色，因此显得高贵、奢华、神秘。在紫色中加入不同的色系会给人不同的视觉感受，如蓝紫色的服装能给人以梦幻、神秘、优雅的视觉感受（图3-16）；红紫色

图3-4 图3-5 图3-6

图3-7 图3-8 图3-9

图3-10 图3-11 图3-12

图3-13　图3-14　图3-15

图3-16　图3-17　图3-18

给人温暖、妩媚的视觉感受（图3-17）；高明度的浅紫色则更具优雅、浪漫、甜美、轻盈、飘逸的女性感（图3-18）。紫色既代表高贵又能表现出庸俗，且它是一种孤傲的色相，比较难搭配，因此在使用的时候要特别注意避免搭配出的颜色庸俗难看。

黑色象征着神秘、沉稳、严肃、庄重、坚实、黑暗、恐怖、孤独、绝望等。根据黑色的情感色彩可以设计出中性时尚风格的服装(图3-19)。黑色是明度最低的颜色。在服饰中黑色给人以高雅、神秘的感觉，华贵又不失稳重的内涵，将高贵的风格体现得淋漓尽致(图3-20)。如黑色晚礼服和黑色西装都是人们最优的选择，体现了穿着者优雅的外表和稳重的气质(图3-21)。黑色具有收缩的特性，使穿着者看起来比较苗条，因此受到很多肥胖者的青睐(图3-22)。

白色象征着纯洁、干净、和平、神圣、朴素、平安、柔弱等(图3-23)。白色属于无彩色，最能体现高贵的气质，给人神圣不容侵犯的感觉。在西方,传统的婚礼服为白色，白色的耳环、白色的项链、白色的皮鞋、白色的头饰、白色的鲜花，将婚礼营造出神圣、纯洁的气氛(图3-24)。白色给人清新、纯洁、优雅的感觉，用于礼服设计受到很多人青睐(图3-25)。在白色的衬托下，其他颜色

图3-19

图3-20

图3-21

图3-22

①收集每种色相的服装5款。

②用3种不同色相进行填充同一款服装，观察不同颜色的服装给人的心理感受。

会显的更为鲜艳，因此，白色在服装中的运用也是相当普遍的，容易和其他颜色搭配(图3-26)。白色属于膨胀色，比较适合瘦弱的人，穿着起来会显得丰满些。

灰色象征着稳重、忧郁、随和、中庸、平凡、沉默等。根据灰色的感情特征，常运用于时尚风格、前卫性服装设计中（图3-27）。灰色介于白色和黑色之间，可以和任何色彩搭配，时尚而不失稳重（图3-28）。灰色在服装上明度不尽相同，不同明度的灰和纯灰有截然不同的感觉，浅色给人感觉飘逸（图3-29至图3-31）。由于灰色柔和、稳重的特性，适用于各种年龄的服装。

图3-23

图3-24

图3-25

图3-26

黑、白、灰在色彩中属于无彩色，在服装设计中它们是永恒的经典色，不会因为流行而被淘汰。因此，黑、白、灰在服装中运用非常广泛，也成为高级时装常用颜色。

金银色象征着富贵、权力、奢华、优雅、前卫、富有等，银色象征前卫和优雅。根据金色的情感特征，运用于礼服中给人感觉华丽、富贵（图3-32）。金、银是黄金和白银的色泽，闪光的特性让服装看起来华丽、前卫，常用于高级时装和礼服等华丽的服装设计中（图3-33、图3-34）。

褐色象征着成熟、稳定、随和、古朴、含蓄等。褐色是土地的颜色，运用在服装中给人成熟、踏实的感觉（图3-35），适用于不同的款式和不同年龄阶段的人群。褐色是比较中性的颜色，根据其情感色彩，运用于设计中性风格的服装（图3-36）。

对服装色彩的性格特征的了解，是服装设计者将色彩灵活运用在服装中的前提。根据不同的款式风格选择不同的色彩，营造出需要的个性风格特征。

图3-27

图3-28

图3-29

图3-30

图3-31

图3-32

图3-33

图3-34

图3-35

图3-36

二、服装色调分类

图案色调是把画面各色分成主次、轻重，以一个基本色为主调，在一个整体内。色调主要有以下几个类型：

• 冷暖色调：蓝、绿、青色为冷色调；红、橙、黄为暖色调。

• 暗、中、亮色调：以色彩的明度为依据，以紫红、深蓝、黑色为主的为暗色调；以白色、黄色为亮色调；中间色调介于两者之间，倾向于中间明度的色调。

• 鲜、灰色调：以色彩的纯度为依据，纯度高的为鲜色调，纯度低的为灰色调。

在实际应用中，为了表达明快感，以明度高的浅色调为主；表现庄重感以暗色调为主；表现对比强烈运用暖色调、鲜色调；追求平静就运用冷色调、纯度弱的灰调。

三、服饰色彩搭配原理

服装色彩是服装给人的第一印象，它的重要性决定了色彩搭配在服装设计中的地位。服装色彩的搭配不是随心所欲的，它需要根据服装款式、穿着季节、穿着人群来进行设计。搭配是用不同色彩进行组合，使服装达到赏心悦目的艺术效果。恰到好处地运用色彩的情感特征，可以修正、掩饰身材的不足，突出优点。色彩组合的效果是柔和还是刺激取决于色彩的色相、明度、纯度组合。通过人们长期实践总结出许多色彩搭配的规律，掌握这些规律对初学者快速提高配色能力有重要作用。在服装配色的时候需要注意以下配色规律。

1.同类色搭配

同类色搭配是指以某一色相为基调，进行明度或纯度变化后的搭配。图3-37用紫色进行明度的对比显得和谐优雅；图3-38用红色的纯度渐变给人韵律规则感；图3-39运用蓝色的明度对比设计使服装清新时尚。同类色搭配由于色差很小服装很统一、和谐，但是会让人感觉单调乏味。

图3-37

图3-38

图3-39

2.近似色搭配

近似色搭配是指在色相环上两个邻近的色彩进行搭配，这种色彩组合又称同色调配色。色彩上主要有红色调、黄色调、橙色调、绿色调、蓝色调、紫色调、褐色调以及灰色调。图3-40是以蓝色调为主的搭配，时尚清新；图3-41是以紫色为基调的服装，展现出时尚的未来风；图3-42以

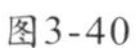

图3-40

图3-41

图3-42

橙色调为主的搭配，热情时尚。近似色搭配处于同一基调，色彩和谐统一，由于色差比同类色大组合效果丰富活泼。

3.对比色搭配

对比色搭配是指色相环上相隔120°~180°的色彩进行搭配。对比色搭配的服装让人感觉醒目、抢眼、激动。图3-43是多种颜色组合，色彩给人感觉醒目、跳跃；图3-44是红黄的组合，色彩热烈又整体协调；图3-45是红与蓝的组合，时尚青春。在进行此类色配色的时候，首先要明确主色，主色在服装中占大比例的面积或在比较重要的位置。图3-46以蓝色为主色调搭配桃红色，色彩跳跃、活泼。

图3-43

图3-44

图3-45

图3-46

4.互补色搭配

互补色搭配是指在色相环上两个相隔180°的颜色进行搭配。互补色有红和绿、黄与紫、蓝与橙的组合，在生活中红与绿的搭配比较常见（图3-47、图3-48）。互补色配色形成鲜明的对比，视觉冲击力最强，补色搭配有时候会收到意想不到的效果。运用补色搭配的时候要突出分开主色和辅色，用重点色来吸引人的眼球。

5.高纯度色搭配

高纯度色搭配是指纯度较高的色彩进行组合搭配。这种色彩搭配给人感觉艳丽、刺激，和对比色搭配的效果相似。在设计的时候增加色彩之间的面积差，减弱明度对比，或减少色相之间的对比度降低刺激的感觉，使整体和谐统一。图3-49用纯度的色彩进行撞击，通过黑色的调和使服装看起来既活泼跳跃又整体协调；图3-50多种高纯度色彩搭配给人时尚、阳光的感觉。

6.中纯度色搭配

中纯度色搭配是指纯度适中的色彩进行组合搭配。这种色彩搭配一般比较符合人们的审美，组合效果比较好。图3-51中的服装是颜色比较多的中纯度服装，给人含蓄、优雅的感觉；图3—52中，服装是以红和黄为主的中纯度服装，表现出成熟、稳重的感觉；图3-53中的服装用红

图3-47

图3-48

图3-49

图3-51

图3-50

图3-52

试一试

①运用同类色、近似色、对比色、互补色进行服装搭配练习。
②在同一款服装上用高纯度、中纯度、低纯度进行配色练习。
③运用黑白灰进行配色练习。

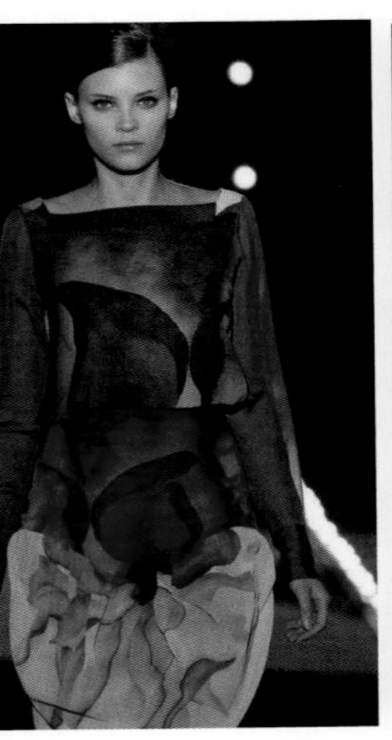
图3-53

图3-54

图3-55

图3-56

绿色彩进行搭配，降低色彩纯度使服装整体色彩不再刺激跳跃，沉稳中带有时尚的气息。

7.低纯度色搭配

低纯度色搭配是指纯度比中纯度还低的色彩进行搭配。这种色彩搭配容易给人沉闷、压抑、平淡的感觉，在搭配的时候可以增加色相的对比度和明度，调节这样的感觉。低纯度色彩常用于秋冬季的服装中，色彩给人感觉厚重温暖。图3-54中，服装是褐色的基调，明度较低，给人感觉沉稳、厚重；图3-55中的低纯度服装让人感觉抑郁，沉闷；图3-56中，服装是明度较高的低纯度服装，给人以优雅、清淡的感觉。

8.其他常用的色彩调和方法

除了以上搭配原则外，两种色搭配还可以改变一方色彩的面积，突出主次，或改变一方或双方的明度、色相，或双方加同一色彩来调和，或采用黑、白、灰、金、银勾边、衬底达到调和的目的（图3-57）。

图3-57

我们学习了色彩的感情特征，了解了不同的色彩带给人们的视觉感受，为配色打好了基础。通过对色彩搭配的学习，掌握了服装色彩搭配的原则，现在可以在不同的款式上根据色彩搭配的原则进行组合，获取最佳的配色效果。

四、流行色与服装色彩设计应用

服装的流行是根据周期性而变化的，影响服装流行的因素有很多，如常见的色彩、款式、面料等。流行服装就是设计的服装中包含有其中某一种流行元素。其中，色彩是影响流行的一个很重要的因素，流行色在服装中的运用广泛且深入人心。流行色在服装设计中的重要性日渐明显，使设计者必须慎重考虑如何处理好流行色与服装造型的关系，流行色与服装整体色彩搭配的关系，使设计出来的服装能达到最好的效果。

1.关于流行色

流行色是指在某个特定的时期和地区，被大多数人喜爱的几种或几组色彩的搭配。流行色产生的原因是多方面的，首先它受消费者心理因素的影响，当人们长时间面对某个或某组色彩的时候会产生审美疲劳，这时需要有新鲜色彩出现，新的色彩组合对人们的视觉有刺激作用，让人产生兴奋的感觉。另一方面流行色的产生也受到政治、经济、文化、环境、科技等因素的影响，如不同地区的人对同一色彩的喜好不一样对流行色的要求也有很大的差别。

2.流行色对服装的影响

流行色是人们追求美和时尚的表现，是具有周期性趋势和走向的活动。它是与时俱进的色彩，其特点是周期性短。它的产生到消退一般经过5～7年，高潮期一般为1～2年。流行色是在特定的时间内进行周期性变化的色彩组合，今年的流行色明年不一定还在流行，可能变成常用色；今年的常用色通过重新组合调整，明年也许就是流行色。流行色在不同时期进行循环周期性的变化，流行色在长期大范围使用之后就会变成常用色，而流行色也是在常用色中产生的。

时装设计者在设计服装的时候都会将流行色考虑在其中，它是同一时期大多数人群追求的目标。将流行色运用到服装中，服装就有了流行的元素，成为流行服装，因此流行色是引导服装流行的一个因素。特别是在针对年轻人群设计服装时对于流行的把握就更重要。由于流行色周期性短的特点，流行色一般用于寿命比较短的便宜的服装中，特别是针对年轻人的时尚服装或T恤中；对于比较贵重寿命比较长的高档西装、外套、皮衣等服装，在进行设计的时候就很少考虑流行色的运用，一般是以经典色或基本色为主。

3.流行色在服装中的运用

流行色在服装设计中的运用是非常广泛的，流行色的运用也会影响服装的流行。由于流行色的缺陷，流行色的运用也具有局限性，这就要求设计者要正确认识流行色并且学会如何将流行色运用在服装中。

服装中的色彩是由基本色和流行色共同组成的，流行色运用在服装中是一个流行的元素和设计的一个点，在进行服装配色的时候可以根据款式的特点采用流行色作为服装色彩的点缀，既迎合了流行又不会太张扬。流行色是通过专门的预测机构发布的，分为春夏和秋冬的流行趋势。春夏和秋冬的流行色彩根据季节不同在色调和色感上有很大的区别。春夏季流行色一般比较明亮、鲜艳，色彩明度和纯度高，用于春夏季服装配色（图3-58）；秋冬季流行色一般比较沉稳、祥和，色彩明度和纯度低，用于秋冬季服装配色（图3-59）。流行色是一组颜色，因此在将流行色运用到服装上的时候，并不是要将所有流行的颜色都用在服装上，在设计服装的时候可以选用其中一两种色彩为主，搭配其他常用色，把握好服装整体搭配又体现了服装的流行趋势。根据不同款式风格的服装在流行色中选择适当的颜色，如时尚女装可以用比较亮丽的颜色，休闲装选用温和的颜色等。

流行色的运用还要根据服务群体来进行选择。由于地理文化的差异每个人对色彩的感觉都不尽相同。所以流行色的运用要针对不同的人群做不同的设计。如果只是盲目的去追求流行色，购买许多相应色彩的服装，然后将这些服装搭配穿着在身上，会让别人感觉像是一个调色板。将流行色搭配在服装上的时候只需要一点点小面积的展现，比如将流行色彩用在发饰、包包、鞋子、上衣等，选用一款运用在常用色的服装搭配中，重点突出同时不乏含蓄优雅。

在实际运用流行色的时候必须综合考虑服装款式、服务对象、穿着场合等。经过全方位的考虑之后做出的设计，才能更好的在服装上体现流行色的作用，了解流行色运用在服装中应注意的问题，培养自身的色彩修养，做出保持自我风格又符合潮流的设计。

图3-58

图3-59

学习评价

学习要点	我的评分	小组评分	教师评分
我能简述出服饰色彩的情感与象征（20分）			
我能根据服饰色彩搭配原理完成指定的作品设计（50分）			
我能简述流行色与服装色彩的设计应用。（30分）			
总　分			

学习任务四
服饰图案

[学习目标] 掌握服饰图案的基本知识，理解图案与服饰之间的关系，学会图案的基础设计,掌握图案在服饰中的基础应用。

[学习重点] 图案的基础设计，图案在服饰中的应用。

[学习课时] 20课时

一、服饰图案的概念

从广义上讲，一切元素构成具有一定美感的造型、结构、色彩、肌理及装饰纹样都可以称为图案；狭义上一般把具有装饰作用的纹样图形，统称为图案（图4-1至图4-3）。

图案是与人类联系最紧密的一种艺术形态。自然界中蕴藏着大量色彩丰富、造型独特的图案，如花朵、动物羽毛、树叶、岩石纹理等。在漫漫的人类历史长河中，图案还是记载、传承文明、表达情感的方式，如原始部落的文身、图腾，古代的陶器、漆器，中国传统的剪纸、刺绣等。

在图案的大家族中，专用于服装上的装饰性纹样图形称为服饰图案。作为一名服装设计工作者，不但要培养对图案的审美能力，还要学会设计图案、选择图案，利用现有的图案为自己的设计服务。服饰图案作为服装整体设计的一个过渡时期，在图案设计阶段培养自己的审美能力、创造能力、设计能力，为以后的服装整体设计打下基础。构成图案的基本要素是纹样、组织与色彩。服饰图案的学习主要包括图案基础知识、图案的组织形式、形式美法则、服饰图案的造型手段。

①绘制植物图案1幅。
②绘制动物图案1幅。
③绘制几何图案2幅。

图4-1

图4-2

图4-3

二、服饰图案的表现内容

1.具象纹样

具象纹样是以自然界客观事物为基础，通过艺术处理创作出来的纹样，主要有植物图案、动物图案、风景纹样、人物图案等（图4-4至图4-6）。

植物纹样中的花、叶、果实等广泛运用在服装设计中。植物纹样造型结构适应性强，可以适应于多种加工工艺，可用于装饰服装任何部位，历来是女装、童装最常用的装饰图案。

动物纹样在中国服装史上最典型的代表是古代官服，常用龙凤、虎豹等动物图案象征不同的官阶和身份。在不同民族文化中，动物图案往往是不同的图腾象征。在现代服装设计中，动物图案以它独特的活力和情趣，主要用于休闲服、童装等。

图4-4

风景纹样由于其自身的特点，在服装设计运用中，要注意避开分割线、省道以免破坏图案的完整性。

人物纹样的神态更生动，表现可写实、可夸张。人物图案在服装设计中的运用比较自由，主要把握图案的造型色彩与服装整体风格的协调。

2.抽象图案

抽象图案是指不表现客观物体形态，而以点、线、面为基本元素按照一定的形式美法则组成的图案，主要包括几何图案、文字图案、不定形图案（图4-7、图4-8）。

几何图案是以规则的点、线、面构成的，具有单纯明朗、富有装饰性特征的抽象图案。

文字图案的形象塑造主要是字体的设计、文字的组合构成。由于文字的形态多样、内涵各异而在服装中运用广泛。电脑技术的应用，为文字设计提供了更多便利。

不定形图案是指用点、线、面构成的自由、不受约束的抽象纹样。它具有随意性、不可重复的特点，主要应用于休闲装、展示性服装，表达出随意轻松之感。

图4-5

图4-6

图4-7

图4-8

科技图案是以网络化、宇宙探索、宏微观世界、基因工程等科学活动为素材加工而成的图案。

三、服饰图案的组成形式

图案的组成形式可分为单独纹样、适合纹样、二方连续纹样、四方连续纹样等四种。

1.单独纹样

不受外形限制，不与周围发生直接联系，可以独立存在和使用的纹样称为单独纹样。单独纹样是组成适合纹样、二方连续纹样、四方连续纹样的基础（图4-9）。

2.适合纹样

把图案纹样组织在一定的外形轮廓中，具有装饰效果的纹样就是适合纹样。适合纹样的外形可以是方形、圆形、三角形等。在确立了外形之后，定出骨架线，再在骨架上具体表现花、叶、枝干的动势走向（图4-10）。

图4-9

①临摹单独纹样2幅。
②临摹适合纹样1幅。
③临摹二方连续纹样1幅。
④临摹四方连续纹样1幅。

3.二方连续纹样

二方连续纹样是指一个单独纹样向上下或左右两个方向反复连续循环排列产生的，富有节奏和韵律感的横式或纵式的带状纹样，也称花边纹样（图4-11）。

4.四方连续纹样

四方连续纹样是指一个单独纹样向上下左右四个方向反复连续循环排列产生的纹样（图4-12）。

图4-10

图4-11

图4-12

选择合适的图案，练习在服装的不同部位进行装饰。

四、服饰图案的装饰手法与应用

1.服饰图案的装饰手法

(1) 印花

印花是指用纺织颜料在织物上印刷图案的工艺形式，主要有直接印花、防染印花两种。直接印花是指把调好的颜料色浆通过印花机或其他手段直接印在织物上制作图案的方法。防染印花是指先在织物上印上具有防染作用的印花浆，然后再进行染色，从而得到色底花布的一种制作图案的方法，民间传统的蜡染、扎染也属于这一类型（图4-13）。

(2) 刺绣

刺绣是中国的传统民间工艺，是指用各种彩线，凭借针在织物上的穿刺运动来加工图案的方法（图4-14）。

知识链接

凤凰，亦作凤皇，是传说中的神鸟。雄的叫“凤”，雌的叫“凰”，其形据《尔雅·释鸟》郭璞注：“鸡头、蛇颈、燕颔、龟背、鱼尾、五彩色，高六尺许。”“出于东方君子之国，翱翔四海之外，过昆伦，饮砥柱，濯羽弱水，莫宿风穴，见则天下安宁。”古来有关凤凰的传说故事很多，传统年画中，以凤凰为题材的图案运用也较普遍。

古代神话传说千年为苍鹿，二千年为玄鹿。故鹿乃长寿之仙兽。鹿经常与仙鹤一起保卫灵芝仙草。鹿字又与“福、禄、寿”三吉星中的禄字同音，因此，它在有些图案组织中亦常用来表示长寿和繁荣昌盛。

图4-13

图4-14

图4-15

图4-16

（3）烂花

烂花称为腐蚀加工，是指将两种纤维组成的交织、混纺或包芯的织物进行腐蚀加工，使其中一种纤维被腐蚀，保留另一种纤维而形成图案的加工方法（图4-15）。

（4）绗（háng）缝

绗缝是指通过在三层织物（面料、垫料、衬料）上缝制装饰性缉线来形成图案的加工方法。通常在织物之间装棉花、海绵等作填料，常用于被子、靠垫、服装等（图4-16）。

（5）补花

补花以棉、麻、化纤、玻璃纱、生丝等为面料，用不同颜色的凤尾纱，分别剪切成各种形状的花瓣、花叶，经精心粘贴，然后采用不同针法进行缝缀刺绣而成。补花工艺主要有北京、广东潮阳、江苏常熟三个代表产地，所用材料也有所区别（图4-17）。

（6）编结

编结是用一根或若干根纱（线）以相互环套而形成图案的方法。传统的手工编结有棒针和钩针两种方法。随着科技的进步，机器编结在市场中占有比例越来越高（图4-18、图4-19）。

图4-17

图4-18

图4-19

2.服饰图案的设计应用

（1）服饰图案应用部位

①上衣。图案是服装的装饰重点，图案对其他部位的纹样造型起着主导作用。主要的图案装饰部位有：胸部、衣摆、领、袖等（图4-20）。

②裤的图案装饰部位一般在脚口、膝盖、侧缝等。

③裙、连衣裙的图案装饰部位多在胸前、臀围、裙边等（图4-21）。

（2）服饰图案应用的服装种类

①礼服，图案设计应根据礼服使用场合的不同，采用钉珠、机绣、雕空、蕾丝铺花、画染、手绣、车骨、车绳、车丝带、手钩、吊穗等工艺方式形成不同风格的图案，以满足着装者在不同场合的气质要求。日间礼服的图案设计不应太过耀眼和夸张，要讲究正式感、庄重感、分寸感。

图4-20

图4-21

图4-22

图4-23

晚间礼服的图案设计应精致华丽，表现雍容、华贵与不凡的气质（图4-22）。

②休闲服，追求自由自在、任意搭配、突出个性、崇尚自然，因此，休闲服的图案设计应以自由、随意为主(图4-23)。

③职业服，一般可分为职业时装、职业制服两类。职业时装穿着对象多为白领阶层，女装较多；它的图案设计含蓄、做工精致。职业制服一般指有明确职业特征的服装，多指军、警、公职人员、企业服装；这类服装的图案设计一般采用点状局部装饰、线状边缘装饰（图4-24）。

④T恤衫，有自然、舒适、潇洒又不失庄重之感的优点，与牛仔裤一起构成了全球最流行、穿着人数最多的服装。它的图案设计内容没有严格的要求，可严谨、可随意，它以自己独特的图案语言表达人们的精神面貌，传播着政治、经济、文化信息（图4-25）。

图4-24

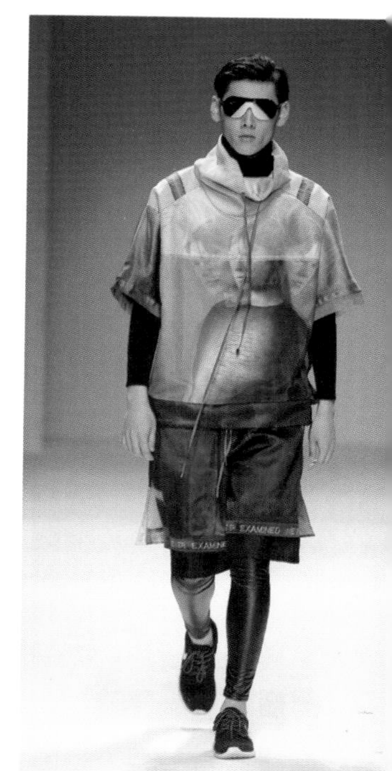

图4-25

学习评价

学习要点	我的评分	小组评分	教师评分
我能准确判断出纹样所属类别（30分）			
我能根据服饰图案的组成形式完成指定的作品设计（40分）			
我能根据服饰图案的应用部位和服装种类完成图案的作品设计（30分）			
总　分			

实 践 篇

SHIJIANPIAN

[综　　述]

了解和把握专向服装设计、系列服装设计、创意服装设计和服装装饰设计与面料再造的基础知识，掌握其构思的思维方式和设计原则与方法。

[培养目标]

培养正确的服装设计构思的思维方式，掌握各类服装的设计原则和运用方法。

[学习手段]

①通过效果图、国际时装发布会图片实例进行分析理解。

②实践操作小组合作，分项目完成教学任务。

学习任务五
专项服装设计

[学习目标] 掌握不同类型服装的穿着场合及其设计要求，为不同的消费群体设计不同类型的服装。

[学习重点] 各种类型服装的款式、色彩、材质、图案的设计要求。

[学习课时] 24课时

服装的分类众多，其中包括在不同场合、着装用途不同的分类形式。现代人们的着装，越来越注重T（Time时间）、P（Place地点）、O（Occasion场合），即TPO原则，也就要求服装设计者在进行设计时，有较为准确的定位，不同的服装也有着不同的设计要求，不能以偏概全，应作具体的分析。

一、职业服装设计

1.职业服装的定义和类型

职业服装，即人们在从事职业活动时穿用的服装。各种类别的职业服装因为有职业需求的差异，对服装的功能性的要求就不同，主要的类型包括日常穿用的职业套装、标志性职业服装、专用职业服装、其他的职业服装等。

2.设计要求

(1) 日常穿用的职业套装

职业装通常形式为套装，上衣为西服款式，下装为西服裙或西裤款式。西服为适体型服装，穿着具有挺括的特征，能较好地展现稳重、端庄的特点。职业套装搭配上简洁的图案和适当的色彩，可适应不同年龄、不同性格的人的穿着需求（图5-1）。

①款式：西服款式其总体造型基本一致，可在局部上进行变化，如领的形态、驳角、衣长等。下装西服裙通常为及膝裙，可适当地调节裙长，针对年轻消费群时，可以为露膝裙或短裙；以老年消费者为主时，可以是过膝裙或中长裙。裤装也可进行款式变化，可根据流行的裤外形轮廓做适当的调整，以顺应流行和满足更多消费者的需求。

图5-1

②色彩的搭配，上下装选用同一色彩，如需要更多的变化，可采用同类色搭配、短调组合等弱对比形式。色彩的选择常以基础色为主，可用时髦色作为点缀色使用，以顺应流行。

③材质以中高档面料为主，配合精致的制作工艺，使着装者的仪态、形象、气质得到更好的展现。材质的搭配可选用不同的肌理效果，但相同的色彩，使对比中有统一。

④图案的选择，以简洁明了的条格图案、小面积的点装饰图案为主，尤其是在整体着装中加入胸花、首饰、领巾等配饰以弥补不足。

①设计条格面料职业套装1套。
②设计以点线面为主的职业套装1套。
③运用材质肌理对比设计职业套装1套。

（2）标志性职业服装

警察、军人、护士等职业穿着的服装，具有一定的标志性。我们可以从着装来分辨着装者所从事的职业，这一类服装的款式、色彩、面料、图案和整体着装都有较为固定的形式，变化不多。这一类服装通常随社会生产力的提高、社会文化的进步，在一定时期后进行变化，以满足人们不断变化的审美意识（图5-2）。

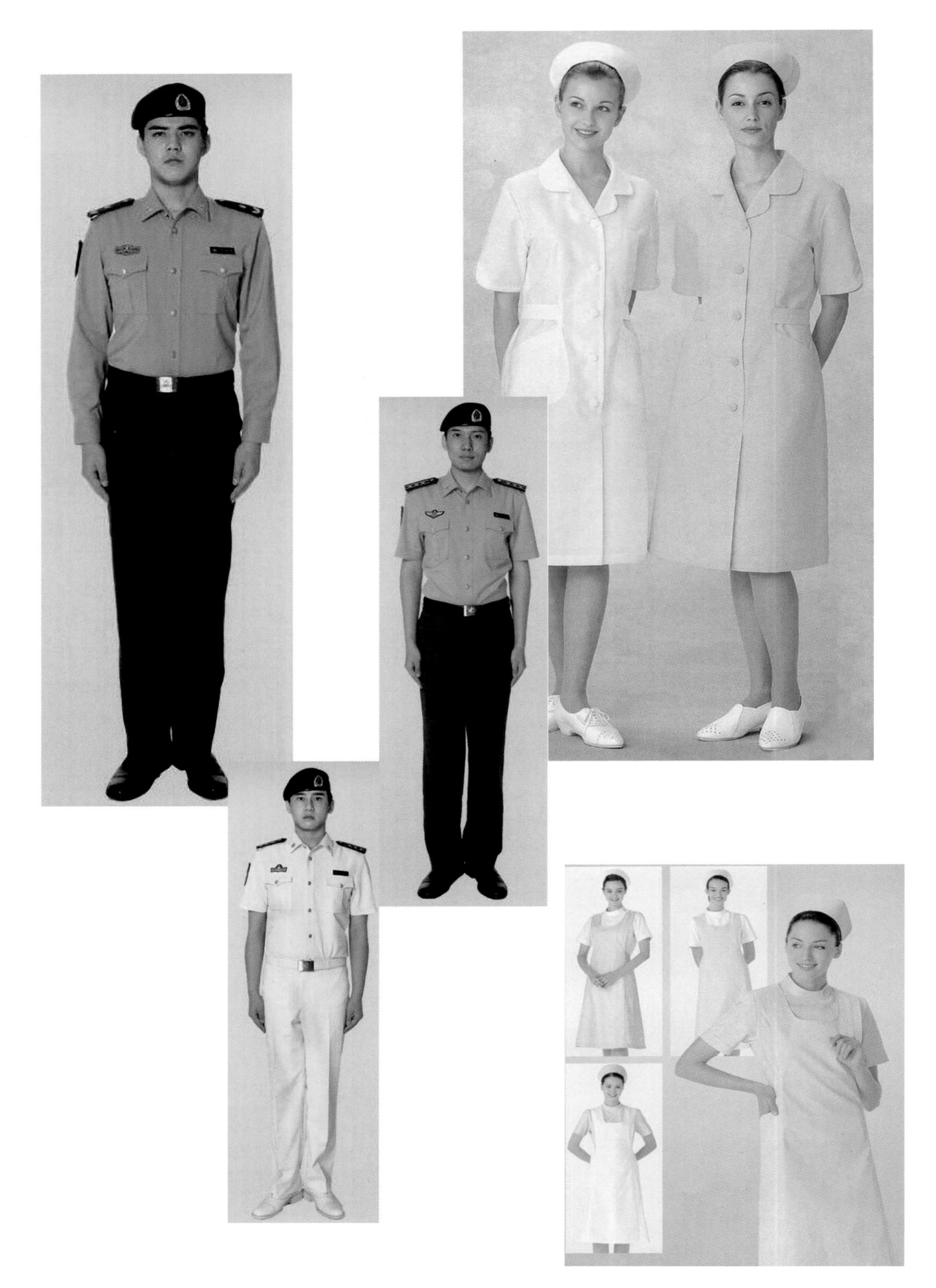

图5-2

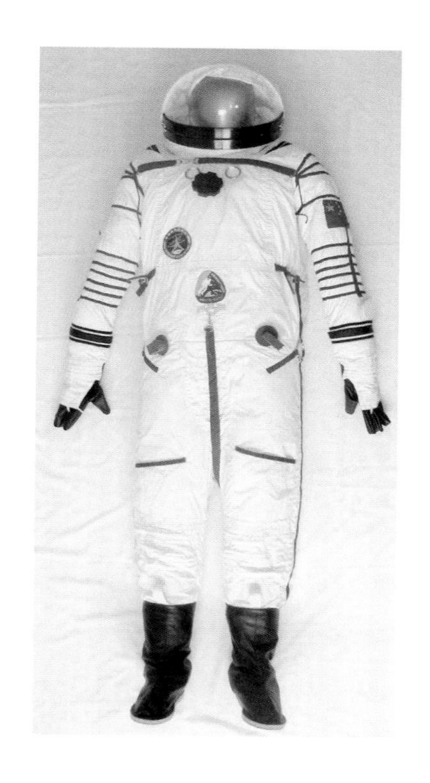

图5-3

(3) 专用职业服装

针对从事某项职业活动而特定的职业服装，如宇航员的宇航服、潜水员的潜水服等。因为工作环境的特殊性，需要特殊的服装保护工作人员的身体安全，这一类型的服装应注重体现服装的实用功能，根据实用功能设计服装的款式、色彩、材质、图案（图5-3）。

(4) 其他的职业服装

职业有很多种类，职业服装也就各不相同。如服务行业的职业服装就各不相同，空乘服务人员、酒店服务人员、销售服务人员等，他们的职业服装在设计时要首先考虑其企业VI系统的要求（图5-4）。

图5-4

二、礼服设计

1.礼服的概念和类型

礼服是指在注重礼节、礼仪的社交场合穿用的服装。不同的场合如颁奖典礼、婚礼宴会、商务酒会、外出访问、节日盛会等，要求礼服具有不同的类型以适应需求，如小礼服、晚礼服、婚礼服、节日盛装等。礼服的穿着有民族、地区的差异，不同的民族，习俗有差异，礼服着装也有丰富的变化，尤其是最具有民族特色的节日盛装，差异最大。

2.礼服的设计要求

(1) 小礼服和晚礼服

这两类礼服作为最常穿用的日常礼服，其适用范围相对较广，在各种较为正式的场合都可以穿着，礼服要能很好地展现着装者的形象、仪态、气质。女礼服款式主要是以连衣裙为主，在设计时要针对不同的场合要求和着装者形体特征，变化裙的廓形和裙的长短。为了较好地展现女性的曲线美感，通常会运用露肩、露背、高开衩等款式。男礼服则多为西服套装款式或燕尾服款式。在款式的运用上，无论是女士或男士的礼服都要注意款式符合流行趋势，在款式中运用流行元素，使礼服更符合人们的审美，也应注意流行的时空性。色彩的运用首先要注意配色的协调，要注意在个性化和优雅中取得平衡，产生和谐的美感；同时要注意服装配色所产生的活泼、端庄等风格特征，以更好地表现穿衣者的气质特点。在礼服中运用流行色，会使礼服更具有时尚感。在礼服材质的选择上，通常选用能表现高贵华丽的丝质面料或有光泽感的面料，女性礼服也可用轻薄的面料表现柔美感。礼服的图案可用来突显优雅、高贵，可使用简洁的几何分割、优美的具象植物等，通常不选择怪诞的图案或稚气化的卡通图案，图案的加工工艺也以花饰、珠绣等为主（图5-5、图5-6）。

(2) 婚礼服

常见的婚礼服即西式婚礼服，款式上可选用和小礼服或晚礼服相同的款式，但多是含蓄地表现性感美，色彩上常选用白色或浅粉色表现纯洁，材质多选择丝质面料和蕾丝面料做主体材质，搭配裘皮、羽毛、水晶等其他材质，与小礼服和晚礼服比较而言可适当地加入舞台服的元素（图5-7）。除西式婚礼服外，不同的民族有自己特色的婚礼服，这类婚礼服则应根据民族习俗进行设计，如中国的传统婚礼服、韩国的传统婚礼服、日本的传统婚礼服、印度的传统婚礼服等。

(3) 民族节日盛装

不同民族有着自己民族特色的节日，这时穿着的服装即是节日盛装。节日盛装要充分体现民族特色，款式、色彩、图案、材质均以民族文化为出发点，在传承的基础上，可适当地变化以满足需要，如苗族节日盛装、傣族节日盛装、藏族节日盛装等（图5-8）。当然一些外国的节日盛装也是同样的（图5-9）。

图5-5

图5-6

图5-7

①收集一系列晚礼服，并试作分析。
②收集不同民族的节日盛装3套。

图5-8

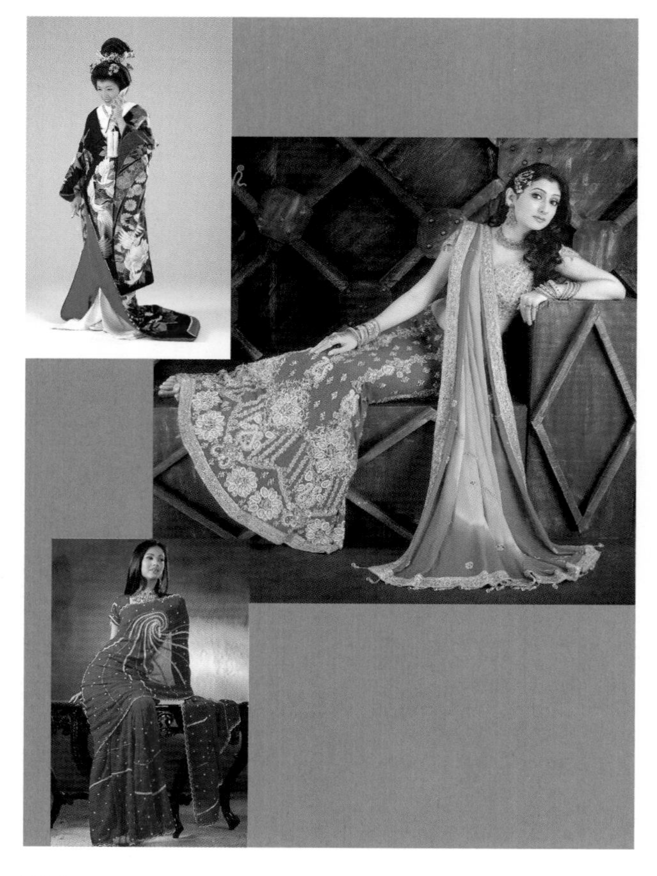

图5-9

(4) 丧礼服

丧礼服的设计款式相对要保守一些，色彩以黑色为主，材质以质朴的面料为主，图案简洁，总体也要考虑到民族和宗教文化，重要是表现沉痛之情，要适合穿着氛围。

三、休闲服装设计

1.休闲服装的概念和类型

休闲服装通常是在无须特别注重礼节的一般社交场合穿着的风格轻松的服装，是生活中范围最广的一类服装，和礼服一样，也是最能表现流行色的服装类型。常见的休闲服装类型有T恤衫、休闲裤、茄克衫、针织衫、休闲外套等（图5-10）。

图5-10

2.设计要求

休闲服装的要求主要是穿着舒适随意、个性化强、流行性强、消费群体广泛、变化丰富等。所以在设计时，可以从以下几个方面去考虑。

①休闲服的设计需考虑不同消费群体的差异。年龄、性别、文化、地域等方面的不同，就会产生不同的消费群体，要研究消费群体的审美心理和审美倾向，使休闲服装呈现不同的风格特征，以满足需要。

②休闲服的应用范围广，在设计的时候要考虑到同一服装在不同着装时会产生的穿着效果。同时款式细节的设计很重要，要使个性化审美和实用性都能充分地体现出来。

③休闲服装的广泛性，使得休闲服应紧跟潮流，才能有较强的市场竞争力，运用流行的款

式、细节、色彩、材质、图案等元素，可使服装有更丰富的变化。

④注意休闲服装自身风格特征的展现，时尚前卫、俏丽可爱、轻松简洁、个性夸张等，在进行设计时不能简单地拼凑，而应着力于表现某一种风格类型。

设计3个不同主题的系列休闲服装。

四、童装设计

1.童装的概念和类型

童装主要是指孩子从出生开始到初中这一阶段的儿童穿着的服装。童装的类型主要是按照年龄层次来分的，包括婴儿装、幼儿装、学童装、少年装。

2.设计要求

(1) 婴儿装

婴儿装是1岁前儿童穿用的服装，这一年龄段的孩子，行动能力较差。服装款式的变化不用太多，外形轮廓多为H形，少使用分割线，可使穿着更具有舒适性，为了穿脱方便，可使用偏开襟、插肩开襟，扣合方式可用绳套结、暗扣等形式。色彩通常选择高明度色，如白色、粉红、淡蓝等，既能表现婴儿的可爱，也能及时发现卫生状况。图案可以是简洁的动物、卡通、小碎花等。材质的选用是很重要的，要能够帮助儿童调节体温，多选用透气性、吸湿性、保暖性和柔软性好的棉织物，尤其是棉针织物（图5-11）。

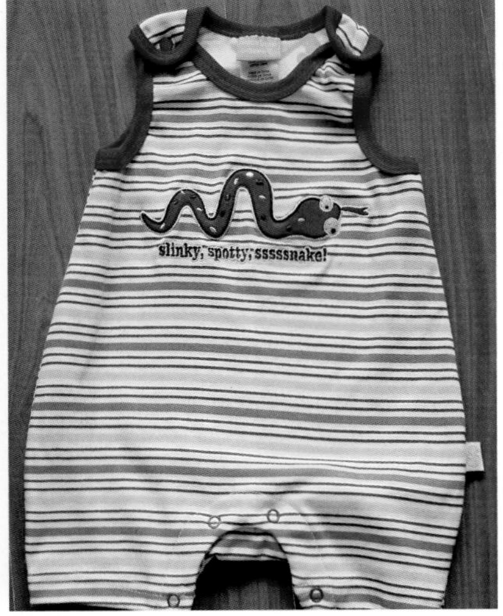

图5-11

(2) 幼儿装

幼儿装是1～6岁儿童穿用的服装。款式通常为H形、A形、O形的连衣裙、连衣裤、吊带裙、吊带裤等造型，这样可以有利于幼儿发育，掩盖幼儿凸腹的形体特点，也方便穿脱。款式细节上可以使设计更丰富些，小女孩服装可加入花边、荷叶边，小男孩服装可加入肩绊、袖口绊等。色彩可以选用柔和的粉色、鲜亮的对比色，色彩的搭配要突出孩子的活泼可爱。图案选用简洁、单纯、生动的动物、卡通、植物、人物等。材质以透气性、吸湿性、保暖性、柔软性好的棉织物为主，质量较好的化纤织物可用来做儿童的外衣（图5-12）。

(3) 学童装

学童装是7～10岁儿童穿用的服装。服装的种类较多，以校服、休闲服为主，但也有设计居家服、小礼服的需要，所以款式较丰富。色彩与图案的设计相对于幼儿装要"成熟"，但要注意区别于成人服装。材质的运用也较丰富（图5-13）。

①设计1套婴儿装。
②设计1套幼儿装。
③设计1套学童休闲装。

图5-12

图5-13

图5-14

(4) 少年装

少年装是11~15岁少年穿用的服装。这类型服装，在款式、色彩、图案、材质的运用上，都可以向成年人趋近，但要注意保持孩子的纯真与活力，避免过分的成熟（图5-14、图5-15）。

图5-15

学习评价

学习要点	我的评分	小组评分	教师评分
我能说出职业服装设计类型的设计要求（10分）			
我能说出礼服的类型及设计要求（10分）			
我能说出休闲装的类型及设计要求（10分）			
我能说出童装的类型及设计要求（10分）			
我能根据不同主题（命题）要求完成相应的设计作品（60分）			
总　分			

学习任务六
服装的系列设计

[学习目标] 了解系列服装设计的概念、特点、设计方法以及表现形式在设计中的重要作用。

[学习重点] 了解系列服装设计的主要表现方法在实践中的应用，掌握基本设计的方法和技法。

[学习课时] 22课时

一、服装系列设计的概念

1.服装系列设计的概念

系列，是表达一类产品中具有相同或相似的要素，且依一定的次序和内部关联构成完整而又有联系的产品或作品形式。

服装系列设计是指系列化的服装设计产品。在系列设计中单套服装与多套服装中相互关联的关系，必定有着某种延伸、扩展的元素，有着形成鲜明的系列产品的动因关系，它们多是根据某一主题而设计制作的具有相同因素而又多数量、多件套的独立作品。每一系列服装在多元素组合中表现出来的次序性和谐的美感特征，也是系列服装的基本概念（图6-1、图6-2）。

想一想

①什么是系列设计？什么是系列服装设计？
②服装系列设计的特点是什么？
③服装系列设计的风格有哪些？
④简略描述设计师的设计灵感来源于哪些方面？

图6-1

图6-2

2.系列设计的特点

①整体性强。系列服装的造型变化是贯穿于整体的，每一件服装都具有其特色，但组合在一起又同属于一个风格，给人的感觉是流畅的、完整的。设计师在不同的主体设计中，从色彩、面料、款式构思等方面系统、紧凑地展示出一个系列服装的多层内涵，充分表达了品牌的主体、风格和理念。

②协调统一。如果服装设计的基本要素为款式、面料、色彩三个方面的形态组合,那么系列设计的款式、服饰品配件、具有性别年龄的人或人群及人穿着的状态四个维度组合的造型形式，在设计时综合考虑衣服与人的各个方面的多样性与协调性，并整体完成四个维度的构成组合。

3.系列设计的灵感来源

设计是造梦的过程，它源于生活，又服务于生活，在我们的生活和文化中，灵感无处不在，它就如一个小小的火花，点点滴滴都有可能燃烧出绚丽的火焰。

(1) 灵感来自自然界

自然界植物花卉引发了设计师的诸多创作灵感，迪奥创作的郁金花系列设计可以看出花卉仿生的痕迹，而花草树木的叶脉、花形、纹理丰富的素材经配色高手高田贤三的搭配，使T形台成了春天的花园。动物为人类提供了取之不尽的灵感，尤其是动物天然形成的毛皮纹理是服装设计师们经常采用的设计素材，豹纹曾一度在全球非常流行，它让女性增添了几分野性的妩媚，斑马条纹花饰也是这样。自然界色彩也给设计师们带来流行色的设计思潮，这些是人们从城市的喧闹重新走向返璞归真的需求，流行色中自然色彩包括森林色、冰川色、岩石色、泥土色、海滩色、天空色、稻草色等。

(2) 灵感来自社会动向

服装是社会生活的一面镜子，是时代文化模式中社会活动的一种表现形式，服装的设计及其风貌反映了一定历史时期的社会文化动态。人生活在现实的环境之中，每一次的社会变化、社会变革都会给人们留下深刻的印象，社会文化新思潮，社会运动新动向，体育运动流行新时尚都能传递一种时尚信息。敏感的时装设计师会捕捉到新思潮、新动向、新观念、新时尚的变化，推出反映时代、反映时尚的服装。

(3) 灵感来自年代主题

针对历史上某个时期衣着服饰，流行的时代背景，结合当前的审美观念，进行相关的提炼与升华，满足人们对某个时代回忆的精神需求，是后现代主义服饰设计对年代主题表现的主旨。牛仔服在世界范围内流行，除了它耐穿休闲的特点外，也体现出对粗犷的西部牛仔风格的眷恋。典型的牛仔风格是粗蓝布、铜钉、流苏、牛仔草帽、靴子、宽衣带。

表面雕有蔓草花图案的牛仔长靴与宽边牛仔帽是西部风格的两大特色，这两者已成为表现西部风格的主题设计元素。20世纪50年代迪奥先生创立的新风貌时装，强调人体曲线，充满了女人味的华美优雅，自然圆润的肩线，丰满合体的胸线，花冠型的裙摆，时隔半个世纪后，迪奥公司又以崭新的设计手法，回顾了这段让女人倾心的岁月。

20世纪80年代，女性时装大量采用垫肩，突出女强人的感觉，色彩上比较中性。最近，巴黎时装舞台上重现80年代风格装束，虽然也采用了垫肩，但外形柔和不再硬朗，色彩也很鲜艳。

4.系列设计风格

服装风格，即服装的款式、色彩、材质、配饰形成统一，具有鲜明的倾向性及外观形式。突出的风格特征能在瞬间产生视觉冲击力和感染力，并使人产生精神上的共鸣。是服装外观样式与内涵结合的总体表现。

随着时代的不断演变，服装的设计风格也日趋多样，根据以上的设计可归纳为以下几种典型的设计风格。

(1) 民族风格

民族风格是指吸收和借鉴了东西民族文化的艺术元素与精髓，通过视觉服装形象与生活演绎，反映民族与世界、传统与时尚的创新服装风格。

图6-3，不论是剪裁独特的V领工装裙，还是透视薄纱裙，都让人有种新鲜感。将内衣与外衣结合的设计大胆奇特，浪漫飘逸的裙子，透视民族服装，黑色小袜边，带来一次新鲜的感官之旅。

图6-4,设计师大胆运用色彩与图案，打造出新鲜的波西米亚风格服装。值得一提的是,设计师好像很喜欢中国风，几款蓝白色的设计都很有中式礼服的样子，尤其是蓝白相间的颜色，让人不禁联想到中国的青花瓷。服装的图案也似中国的水墨画一样，线条流畅唯美。

印度和阿拉伯的强大经济实力让时尚界也对他们青睐有加。老字号品牌例如Armani，早就已经对他们暗送秋波，最近一季，带有这类民族元素的服饰终于全面登陆。T台上大量涌现色彩艳丽、剪裁宽松、头巾包裹、腰带缠身的民族风格服装，不论是印度style，还是北非look，都让设计师妙意频生。当中最值得称赞的是John Galliano的作品，“阿里巴巴和四十大盗”的灵感源泉让服装符合了他一贯的戏剧化路线，令人心悦诚服（图6-5）。

图6-3

图6-4

图6-5

(2) 典雅风格

古典风格的原意为一流的、经典的、典雅的、传统的。古典风格重视形式的美好和对于传统形式的关注，在服装中的形式上具有古典主义特征的合理、简约、适度、明确和平衡的基本特征。

图6-6和图6-7设计师大量采用皱褶、蕾丝等古典工艺的元素，处理成灯罩状的连身裙在秀场上频频出现，丝绸、锦缎和天鹅绒等材质的运用使这一季的成衣系列更易于穿着和打理。

(3) 田园风格

田园风格是把设计的触觉伸向广阔的大自然和悠闲自由的乡村生活方式，追求一种不要任何装饰、原始的返璞归真的淳朴情结，并从中汲取灵感。

田园乡村与回归自然是恒久经典的理念，灵感同样源于此理念的经典色系把乡村的优雅和樵夫的魅力完美地糅合在一起，形成由深棕红、普蓝演变出来的节日色彩。面料方面，主要是起绒织物如天鹅绒、厚重的棉以及棉毛混纺，或是斑斑点点的织物如麻灰纱和棉织斜纹厚棉布等。

Burberry 2009年春夏系列中再次突显出那种标志性英国户外衣着的优厚传承——trench coat作为所有系列的起点，点缀着田园风格的渔夫帽，以及由经典变奏出的创新黑白格纹。值得一提的是，这款新型格纹的灵感源自Burberry The Beat香水的最新黑白包装。在绿叶映衬下，一种温馨浪漫、别具英伦田园风情的奢华质感跃然而现（图6-8、图6-9）。

(4) 前卫风格

前卫风格起源于20世纪初，与古典风格是两个对立的风格流派。前卫风格受到波普艺术、抽象派艺术、立体派艺术等影响，其风格特点是超出通常的审美标准，离经叛道、变化万端、荒谬怪诞、无从捕捉而又不拘一格。

从服装的流行发展来看，近代以前引领服装潮流的主要是贵族阶级，他们的穿着决定着当

图6-6

图6-7

图6-8

图6-9

图6-10

图6-11

时的时尚。

前卫设计的服装造型呈现出不对称的结构或是不同于常规结构的变化，分割的造型线随意夸张，装饰的部位与比例等都不同于常规（图6-10、图6-11）。

二、服装系列设计原则与方法

优秀的服装系列设计在设计上应做到层次分明、主题突出，既有丰富的主题又有统一有序的风格。所以，服装系列设计应遵循以下原则。

1.服装系列设计的设计原则

（1）整体性原则

系列设计的构成，就是一个具有鲜明整体性、比单套服装更强有力的“统一体”。每一个设计点都贯穿于整体，每一件都具有其独到的特色，但组合在一起又属于一个风格，给人的感觉是流畅的和谐的整体。设计师在不同的主题设计中，从色彩、面料、造型等方面系统、紧凑地展示出一个系列服装的多层内涵，充分地表达了系列主题、设计风格和设计理念（图6-12）。

（2）统一变化

系列设计必须统一，才能称之为“系列”，否则就是一盘散沙。比如，有些品牌的季度产品，充满了各种各样的设计点，每个款式单看都非常完整，有巧妙的构思，但是，当你欣赏过整套设计后，却因为设计手法太多，而没有留下深刻的印象。这些设计虽然大致上有类似的风格，但单件与单件之间的联系却是随意的，设计点没有经过筛选和强调。“统一”就是在系列产品

服装系列设计的方法及设计时的注意事项有哪些?

中有一种或几种共同元素，将这个系列串联起来，使它们成为一个整体。只有“统一”没有“变化”，产品就太单调。在统一的前提下，一个设计构思可以经过微妙的变化，延伸在不同的款式中，形成丰富而均衡的视觉效果。要做到统一而变化，就是要对产品的某一种特征反复地以不同的方式强调（图6-13）。

(3) 层次分明

有些系列产品做到了统一而变化，但却平淡无味，这是由于设计师将设计点平均在每个产品中，没有强弱变化，没有层次。层次分明要求在系列产品中有主打产品、衬托产品、延伸产品、尝试产品。主打产品是设计得最精彩、最完整的产品，它使设计点很完美地展现出来；衬托产品则相对弱一点，无论视觉效果还是设计手法都相对平淡一些，它的作用就是衬托主打产品；延伸产品就是把主打产品的精彩之处进行延伸变化，使整体的分量更足；尝试产品就是进行更大胆的设计，对一些非常规的设计手法进行尝试，以增添系列产品的视觉效果（图6-14）。

2.服装系列设计的设计方法

服装系列设计是服装群的成组设计。成组服装的系列设计中，系列的逻辑性是其系列的特点。具体设计时，多从系列服装的纵横两方面来考虑。从纵向考虑：服装的功能性和单品服

图6-12

图6-13

图6-14

装在平面形式、立体造型、色彩搭配、面料肌理、结构处理、工艺技术、轮廓造型等因素构成；从横向考虑：主要是单品服装与系列服装之间的逻辑关系，即服装内分割线曲直统一的逻辑关系，服装色彩搭配组合时对比协调的逻辑关系，面料肌理变化统一的逻辑关系，服装与服装之间在设计色彩、纹样、饰品的“共性”与“个性”呼应的逻辑关系，以及服装与服饰品风格的统一关系等。作为社会的人还必须考虑服装与人的关系、服装与生活环境、服装的整体协调这样一个系统的逻辑关系。由此可见，系列设计完全是从整体上来研究设计中成组的服饰群体，系列服饰的形象、系列服饰的风格之间的逻辑关系，这亦是系列服装设计的特点。

诸多方面考虑过后，以以下几个步骤进行具体设计：

①设定主题。系列设计，大多都有一个设计主题，主题就是设计作品所要表现的中心思想、反映的现象。

试一试

①以具象和抽象的事物进行主题构思。根据两者的定义，分别设计两套系列服装，在设计说明中注明设计灵感来源并体现具体和抽象的事物。

②通过学习主题设计给自己所在的学校设计出几款学生系列服装，要求色彩、款式、面料既要符合师生出入的场合又要结合现代流行趋势。

③以冷暖对比色为主题。进行色彩系列服装设计，题目自拟。

④将廓形中H形、O形、X形三种形态相结合设计两个主体系列。

⑤以轻薄柔软但有一定身骨的雪纺和印花或刺绣图案的硬沙为主要原料进行面料系列设计，设计时要考虑一定的设计手法。

②确立基型。系列设计是一个多套服装构成的群体，但在设计的初期仍然要从一到多，而最初设计的就代表着整套的“基型”，如S形、H形、T形等。

③服饰配件。前两者是系列设计的一部分内容，另一部分就是服装配件。服饰品，是对服装具有装饰美化作用的附属品。可根据主题选择相对应的服饰配件加以修饰点缀起到点石成金的作用。

服装系列设计是表达系列设计作品中具有相同或相似的元素，并以一定的次序和内部关联构成各自完整而又相互有联系的设计作品形式。服装系列设计是以各元素的设计来表现其整体感的，是从服装的造型、色彩、材料、图案及配饰等进行整体设计的。这几大元素是服装系列设计的统一体，它们的组合是综合运用关系。在组合时必须讲究搭配的协调与统一，强调设计中形成的系列整体感觉。在服装系列设计中单一服装之间必定有着某种相互关联的元素，有着鲜明的使服装设计作品形成系列的成因关系。服装系列设计不但使服装有了明确的市场定位，而且突出服装的个性化、时尚化、休闲化，以满足消费者的心理需求。服装系列设计是服装市场不可缺少的一部分，我们要适应服装设计市场，就得了解它的发展趋势，设计出更好的系列服装。

三、服装系列设计的主要表现形式

1.主题系列

主题是服装设计的主要精神因素，设计的第一步就是主题的设定。有的以自然环境、生态保护为主题，有的以典型性建筑、艺术品为主题，有的以流行文化作为主题，有的以民族风情作为主题等。我们设计时可以参考服装流行趋势如相关的面料、色彩、造型等，再结合自我的创造力及丰富的想象，设计出符合流行趋势的作品（图6-15）。

2.色彩系列

所谓的色彩系列形式，是指根据色彩的纯度、明度、亮度等性质按不同的层次表现服装的设计，使系列服装的色彩配置和谐统一且富于变化。色彩的选择必须与主题理念相吻合，如金秋系列设计、海洋系列设计、青花系列设计等在确定主题色调后，还应掌握好色彩的层次性表达，一般一个系列使用的色彩不宜超过4种。另外，还要分配好主体色调和配角色调之间的比例关系、轻重关系，这样可以使色彩丰富而不失变化（图6-16、图6-17）。

3.廓形系列

服装外轮廓（silhouette）原意是影像、剪影、侧影、轮廓，在服装设计上引申为外形、外廓线、大形、廓形等意思。这部分内容在基础篇——服装款式设计中已有细致的讲解，这里不再重复。

4.面料系列

所谓面料系列形式，是指运用不同材质肌理的对比或组合搭配进行主体表达的设计形式。科技的不断进步带来了各种新型面料，以材质为重点来体现设计理念已成为系列设计常用的手

第24届中国真维斯杯休闲装设计大赛
24TH JEANSWEST FASHION AWARD
重组

图6-15

CULTURAL
文化
交融
FUSION

图6-16

法和趋势，如毛皮服装系列、针织服装系列、牛仔服装系列等分别搭配不同的材质从而形成了材质对比的系列。

面料系列设计在强调面料风格时，不能不考虑此种面料的特性与穿着对象的关系，如用纯棉面料去设计童装、用化纤面料去设计时尚套装；还应考虑面料与服装风格统一，如可以选择用棉、麻、蕾丝等面料来表现田园浪漫风格，用牛仔、皮革等来表现硬朗、率真的风格等。

图6-17

学习评价

学习要点	我的评分	小组评分	教师评分
我能说出系列设计的特点及设计风格（20分）			
我能说出系列设计的原则与方法（20分）			
我能根据服装系列设计的不同表现形式完成相应的设计作品（60分）			
总　分			

学习任务七
创意服装设计

[学习目标]　①了解创意服装的概念、设计构思以及创意设计素材的来源。
②了解创意构思的思维方式，加强对创意服装设计的理解，能独立进行创意服装设计。

[学习重点]　了解创意服装的素材来源，并通过图解说明的方式来提高学生对创意服装设计的兴趣。

[学习课时]　22课时

一、创意服装的概念

创意是一种灵感，是一种智慧积累在瞬间所释放出来的思维果实，是从事每一项工作的必要积极构想。在英文中，“创意”一词是“creativity”“idea”。其中“creativity”意思是指“有创造性的、有创造力的”；“idea”的意思为“念头、想法、主意”。《现代汉语词典》对“创意”的解释是：想出新方法、建立新理论、做出新成绩或新的东西。无论是外来语还是汉语，均可以看出“创”与“意”的结合，不但强调思维作用与行为并指导行为的能力，而且特别强调创意是一种非物质的精神活动行为。因此，“创意”是具有一定创造性思维程序的产物，即一种有思想、有意识、创造性的行为。而这种创造性思维是人类思维中最复杂、最多变的思维形式，也是现代高科技计算机所难以模拟的。因此，设计的本质就是创造（图7-1）。

在服装艺术设计中，创意服装就是在服装构成或设计上的富有创造性的意念，它包含着不断地创新、创造的过程，设计的宗旨就在于“新”。成功的服装设计作品首先要取决于成功的设计创意。设计者在构思时，应紧密围绕设计主题和选择的题材，为每个不同的创意构思选择和探索最恰当的表现形式。这就促使服装设计创意具有两重性：一是从属性，即服装设计必须从属于设计构思的主题，如职业装、生活装、时装等；二是独立性，服装设计的创意构思要确定通过什么样的服装造型、款式、选择的面料、色彩，通过某种工艺手段将其表现出来，将主观的自我表现和客观的视觉传达相结合，创造出富于个性、具有现代意识的服装作品。

图7-1

二、创意服装的设计与构思

1.服装的设计与构思

构思是指作者在创作文艺作品过程中所进行的一系列思维活动，包括确定主题、选择题材、研究布局结构和探索适当的表现形式等。对于服装艺术领域里的构思，是指设计师在创作过程中所进行的所有思维活动。设计创作的最初灵感和线索往往来自于生活中的方方面面，有些事物看似平凡或微不足道，但其中也许就蕴含着许多闪光之处。构思通常要经过一段时间的思想酝酿而逐渐形成，也可能由某一方面的触发激起灵感而突然产生。通常完成服装设计的构思一般经过三个阶段。

一是准备阶段，包括收集资料、市场考查、调研等；

二是创作阶段，是心中意象逐渐明朗化的阶段；

三是深化阶段，创作过程中反复修改，完善定稿阶段。

①创意的概念是什么？

②服装创意思维主要有几种思维方式？

2.构思的思维方式

服装创意设计主要有以下几种思维方式。

（1）正向思维方法

所谓正向思维，就是人们在创造性思维活动中，沿袭某些常规去分析问题，按事物发展的进程进行思考、推测，是一种从已知到未知，通过已知来揭示事物本质的思维方法。这种方法一般只限于对一种事物的思考。这种习惯性的思维活动，在设计思维中常常表现为正向思维方式。循规蹈矩的思维和按传统方式解决问题虽然简单，但容易使思路僵化、刻板，摆脱不掉习惯的束缚，得到的往往是一些司空见惯的答案。

（2）逆向思维方法

逆向思维，即我们通常所说的“倒着想”或“反过来想一想”。我们进行视觉艺术思维时，按照常规的思路创作的作品有时会缺乏创意性，而逆向思维是在服装设计中能够进行大胆创新的一种思维方式，是在正向思维不能达到目的或不够理想时的一种尝试，它并非是一种完全的正与负的关系。在服装设计中，我们可以运用逆向思维来突破常规思维无法解决的问题，所以可以概括地认为，凡是非正向或偏离正向的思维方式都可以统称为逆向思维。

（3）多向思维方式

多向思维也称为发散思维、辐射思维或扩散思维，是求异思维中最重要的形式，表现为思维不受点、线、面的限制，不局限于一种模式，而是从仅有的一点信息中尽可能地向多方向扩展，由点到面达到广阔无垠的境界，不受已经确立的方式、方法、规则和范围的限制；然后再把材料、知识、观念重新组合，以便从已知的领域去探索未知的境界，从而找出更多更新的可疑答案、设想和解决的方法，并且可以从这种扩散的思考中求得常规的、非常规的多种设想的思维。

多向思维主要是指从不同角度思考问题，主要包括：

①多种思维指向：逻辑和推理性、主动灵活地转换问题是多向思维的思考角度。不断深化设计构思中的思维，培养思维轨迹的多向发展，从每个角度对选题展开立体分析。这种思维能摆脱传统思维定式的约束。

②多种思维起点：设计师在设计构思时，可以从多角度入手，再选择最佳的角度。服装设计的构思从具体实施设计方案的第一步就必须运用形象思维和立体性思维，对服装整体造型进行全方位的思考与酝酿，以服装的某一点为思考中心，促使设计思维高度活跃，呈多向流动状态。将大脑已贮存的信息、元素，根据一定的要求，通过素材的筛选、提取、排列、比较、重新组合等思维方式处理信息、元素，扩展或延伸其他部位以至整体。

③运用多种逻辑规则及其评价标准：多向思维在服装设计构思方面能产生宽阔的联想天地，由此想到彼，由这想到那，并同时发现它们共同的或类似的规律的思维方式。从加减、组合、变更等各种手法运用中找到相似、接近、对比、连锁、飞跃、类比的横向纵向关系，从联想中得到设计灵感。例如，先构思了服装的外廓形的造型以点带面，其他部位则根据外廓形的风格进行联想，顺应性地统一设计，统构全局。

④多种思维结果：多向思维最终达到另辟蹊径和整体优化的目标。

思维方式的建立，是一个长期的调整、强化、反复的过程，这种过程，并非脱离实践的修身养性，而是在追求成功的过程中反复实践和良好地循环。在视觉艺术思维中，如果只是顺着某一思路思考，往往找不到最佳的感觉而始终不能进入最好的创作状态。这时可以开拓形象思维的想象力与创造力，让思维向左右发散，或作逆向推理，有时能得到意外的收获，从而促成视觉艺术思维的完善和创作的成功。在一定的情况下，多种思维方式可以同时并用，能够加强和拓宽、启发创作思路。

三、服装创意的素材来源与应用

1.仿生学启示

人类从自然界中获取灵感进行服装设计的创意构思由来已久。例如，西方19世纪的燕尾服，清代的马蹄袖，现代的蝙蝠衫、喇叭裙等，无不是设计师在仿生学中获得启示而进行创意设计形成的产物。在科学飞速发展的今天，相继出现的这些时装新思潮、新流派，实际上是人类在重新认识客观世界的同时，被自然界诱引并利用它的必然发展趋势（图7-2、图7-3）。

2.文艺作品启示

文艺作品或自然景象中所表现出来的情调和境界也是设计师获取灵感的来源。这种启示是由一种抽象的感觉激发出的灵感作为设计构思的核心，捕捉瞬间感受并运用抽象思维形式进行的构思创意，如音乐、诗歌、电影、歌剧等（图7-4）。

图7-2

图7-3

图7-4

试一试

①以花卉为素材，设计出1套创意服装。
②以民族元素为主题，设计出3套系列创意服装。
③结合现代流行元素，设计出2款创意服装。

3.主题构思

主题构思即确定一个目标作为主题方向，主题的选择包罗万象，如现代科技文化、民族元素、太空探索、生态环境、建筑等。国内外的服装大赛作品都是设定主题的创作。图7-5设计作品是以“风、雅、颂”为题，借鉴传统国画布局和画法，故事以三个少女和龙展开；图7-6设计作品设计灵感来源于太空，款式造型夸张别致；图7-7设计作品是“中华杯”童装设计大赛的参赛效果图，作者塑造了一群可爱的小精灵形象，夸张的姿势，绚烂的色彩渲染着一股欢快热烈的气氛。

图7-6

4.风格构思

根据服装的风格类型不同，确立一种风格表现形式，进行设计延伸。如波西米亚风格、巴洛克风格、古典高雅、田园、前卫等，用相应的服装造型风格加以体现，求得一种内在的神韵相通。图7-8设计作品带巴洛克风格，

图7-5

图7-7

造型夸张，对比强烈；图7-9设计作品借鉴了非洲的土著文化，人物形象古拙自然；图7-10设计作品受混搭风影响，将性感、裸露、爱斯基摩等元素融为一体。

5.流行时尚元素

捕捉流行趋势，力求创新多变，以当时的社会服饰（款式造型、材料及色彩）流行为设计目标的构思（图7-11、图7-12）。

6.商业化创意设计

以市场为中心，构思中心以商业卖点为目的，经济效益与市场份额为目标的构思设计（图7-13）。

总之，服装设计的创意与表现，远远不止上述几方面。随着科技的不断进步，设计者获取资源的途径越来越丰富，涉及的领域也越来越广泛。只要我们具有高度的职业敏感，不断提高审美的品位和艺术修养，及时捕捉时尚元素，自觉、广泛地进行新的探索，相信我们就会插上翅膀，翱翔于创意之路，就一定可以创作出更多更好的作品。

图7-8

图7-9

图7-10

图7-11

图7-12

图7-13

学习评价

学习要点	我的评分	小组评分	教师评分
我能说出创意服装构成的思维方式（10分）			
我能说出创意服装的素材来源并能在生活中积极发现，训练自我的创意思维（30分）			
我能根据不同主题（命题）要求完成相应的设计作品（60分）			
总　分			

学习任务八
服装装饰设计与面料再造

[学习目标] ①了解服饰配件的基本知识，掌握基本设计原则。
②理解面料再造的重要性，学习基本的面料再造方法。

[学习重点] 面料再造的方法。

[学习课时] 8课时

服装设计的整体应该包含服装本身以及装饰人体其他部分的各类装饰物，这类装饰物，通常称为服饰配件。服饰配件主要用于颈、手、耳、头、踝等处，是服装装饰功能的进一步拓展。

服饰配件是民族文化、艺术起源的一个部分，它反映出文化艺术与社会经济、精神生活之间的密切联系。服饰配件主要是从古代的花环、骨头、石头等其他装饰物演变而来，最后发展成纯粹的装饰性、以满足人们装饰欲望的服装装饰配件。

面料再造是在现在服装面料的基础上，运用各种加工手段使其表面产生丰富的视觉肌理和触觉肌理的一种面料处理办法。面料再造艺术逐渐成为服装设计新的突破点，并成为提高服装产品附加值的一个重要手段。

在现代时装设计领域，一件成功的作品除了款式造型、服饰色彩外，面料的运用和处理越来越突显出它的重要性。服装面料再造艺术已成为现代服装时尚潮流中最有魅力的艺术领域。因此，了解服装面料再造，为现代服装设计发展提供了更丰富的材料，是服装专业学生应该掌握的材料知识。

试一试

①分别用到服装细节设计的几种方法设计3款服装。
②收集各种服装装饰设计手法的服装各5款。

一、服装装饰设计

服装装饰设计的手法除了在学习任务四中介绍的刺绣、印花等，还有钉缀、拼接、添加饰物。下面将从不同方法来看服装装饰设计。

1.钉缀

钉缀就是将饰物缝制在服装上，如珠子、亮片、玩偶、流苏等饰物。图8-1亮片在服装上的装饰；图8-2服装中用流苏做的装饰。

2.拼接

拼接是用面料拼接而成的装饰。用同色不同质、同质不同色、同料正反面进行拼接运用在服装上。图8-3同质不同色的面料进行拼接显得时尚活力；图8-4同色不同质的面料进行拼接显得高贵奢华。

3.添加饰物

添加饰物是将不同的装饰品运用到服装设计当中，如缎带、花结、立体花朵、宝石等运用在服装中。图8-5用面料编织成花结，增添立体效果；图8-6立体花朵常用于礼服设计中；图8-7将水晶镶嵌在服装中使服装看起来更加奢华。

图8-1

图8-2

图8-3

图8-4

图8-5

图8-6

图8-7

二、面料再造的几种方法

1.面料形态的立体处理

利用传统手工或平缝机等设备对各种面料进行缝制加工，也可运用物理和化学的手段改变面料原有的形态，形成立体或浮雕般的肌理效果。一般所采用的方法是：堆积、抽褶、层叠、凹凸、褶裥、褶皱等（图8-8）。

试一试

①收集各种面料再造方面的资料。
②利用身边的条件，尝试进行面料再造。

2.面料形态的增型处理

一般是用单一，或两种以上的材质在现有面料的基础上进行黏合、热压、车缝、补、挂、绣等工艺手段形成立体的、多层次的设计效果，如点缀各种珠子、亮片、贴花、盘绣、绒绣、刺绣、纳缝、金属铆钉、透叠等多种材料的组合（图8-9）。

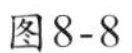

图8-8

图8-9

3.面料形态的减型处理

按设计构思对现有的面料进行破坏，如镂空、烧花、烂花、抽丝、剪切、磨沙等，形成错落有致、亦实亦虚的效果（图8-10）。

4.面料形态的钩编处理

各种各样的纤维和钩编技巧，随着编织服装的再度流行已日益成为时尚生活的焦点。以不同质感的线、绳、皮条、带、装饰花边，用钩织或编结等手段，组合成各种极富创意的作品，形成凸凹、交错、连续、对比的视觉效果（图8-11）。

5.面料形态的综合处理

在进行服装面料再造设计时往往采用多种加工手段，如剪切和叠加、绣花和镂空等同时运用的情况。灵活地运用综合设计的表现方法会使面料的表情更丰富，创造出别有洞天的肌理和视觉效果（图8-12）。

图8-10

图8-11

图8-12

学习评价

学习要点	我的评分	小组评分	教师评分
我能根据面料形态的立体处理方法完成相应的设计作品（15分）			
我能根据面料形态的增型处理方法完成相应的设计作品（15分）			
我能根据面料形态的减型处理方法完成相应的设计作品（15分）			
我能根据面料形态的钩编处理方法完成相应的设计作品（15分）			
我能根据面料形态的综合处理完成相应的设计作品（40分）			
总　分			

参考文献

[1] 于国瑞.服装设计[M].北京：高等教育出版社，2002.
[2] 林燕宁，邓玉萍.服装造型设计教程[M].南宁：广西美术出版社，2009.
[3] 魏迎凯，乔梅.服装设计中的面料再造研究[J].纺织与工艺设计，2008（5）.
[4] 丁杏子.服装美术设计基础[M].北京：高等教育出版社，2005.
[5] 刘晓刚，崔玉梅.基础服装设计[M].上海：东华大学出版社，2005.
[6] 徐丽慧.服装款式设计与配色[M].北京：金盾出版社，2009.
[7] 刘小君.服装材料[M].北京：高等教育出版社，2005.
[8] 张福良.服装图案[M].北京：人民美术出版社，2008.
[9] 辛艺华.工艺美术设计[M].北京：高等教育出版社，2005.
[10] 李莉婷.服装色彩设计[M].北京：中国纺织出版社，2000.
[11] 丰春华.服装效果图技法新探[M].天津：天津人民美术出版社，2000.
[12] 陈彬.东华大学服装学院时装画优秀作品精选[M].上海：东华大学出版社，2009.
[13] 图片选自“穿针引线”网站.